Traumhafte Privatgärten

in Deutschland

Gary Rogers
Silke Kluth

Traumhafte Privatgärten in Deutschland

Eine Bildreise zu den *OFFENEN GARTENPFORTEN*

blv

Inhalt

Vorwort

Es erstaunt mich persönlich immer wieder, zu sehen, wie viel Zeit, Arbeit und Leidenschaft Gärtner in ihren Garten stecken. Über die Jahre und über die Welt verteilt habe ich Hunderte dieser bemerkenswerten Menschen kennengelernt und mit ihnen gearbeitet. Ganz gleich aus welcher Kultur sie stammen oder in welcher Klimaregion sie zu Hause sind – all dies änderte nichts an ihrer innigen Verbindung zur Natur, der Erde und den Pflanzen.

Es gibt sehr unterschiedliche Charaktere unter den Hobbygärtnern; Großbritannien beispielsweise ist bekannt für seine Exzentriker. Doch ich kann Ihnen versichern, auch Deutschland verfügt über eine ganze Menge »Garten-Freaks«, und ich meine dies auf eine ganz liebenswerte Art und Weise. Ob es Marlies ist, die alles einsammelt, was andere wegwerfen und daraus Kunst in ihrem Garten macht, Dietmar, der selbst ernannte Freak, der sein Reihenhausgrundstück in eine exotische fernöstliche Oase verwandelt, Karl, der alles, was er sieht, mit seiner Heckenschere schneidet, oder meine guten Freunde Ingrid und Hinrich, die im hohen Alter jede freie Minute in ihrem Paradies verbringen. Hiermit möchte ich jedem einzelnen meiner »Gartenfreunde« danken, die in diesem Buch erscheinen – für ihre Hilfe und Gastfreundlichkeit über die ganzen Jahre. Ich wünsche ihnen allen noch eine wunderschöne Zukunft mit Ihren Gärten. Und wer weiß, lieber Leser, vielleicht werden auch Sie vom »Gärtnerfieber« gepackt und finden Ihre Freude und Erfüllung bei der Auseinandersetzung mit den Pflanzen und dem Garten. Probieren Sie es doch einfach aus – Sie werden auf vielfache Weise belohnt werden.

Dieses Buch beinhaltet 33 Gärten quer durch Deutschland, sehr große und ganz kleine, mit ganz unterschiedlichen Stilen und Geschichten. Uns ist bewusst, dass dies nur eine kleine Auswahl all der wunderschönen Gärten in diesem Land ist. Und sicher kennen Sie selbst noch weitere sehenswerte Beispiele – oder aber Sie haben selbst einen solchen. In diesem Fall würden wir uns freuen, von Ihnen zu hören und mit Ihnen Kontakt aufnehmen zu können.

Hamburg, im März 2007 *Gary Rogers*

Im Sommer 2006 schlug mir der BLV Verlag ein neues Projekt vor. Ich rechnete nach, wann die heißeste Schreibphase dafür sein würde: Genau dann, wenn ich saisonbedingt am allermeisten zu tun habe. Mein erster Gedanke war folglich: »Das sage ich ab.« Als mir kurz darauf der Lektor auseinandersetzte, was er genau von mir wollte, dachte ich: »Endlich!« und sagte: »Gerne!«.

Ein Buch über Privatgärten in Deutschland, die Interessierte nicht nur auf schön bebilderten Seiten betrachten, sondern persönlich besuchen können! Gary Rogers sei Dank. Er hatte festgestellt, dass inzwischen Engländer nach Deutschland fahren – auf Gartenreise! Höchste Zeit also, eine Auswahl der Gärten, die alljährlich auch hierzulande ihre Pforten öffnen, einmal einem größeren Publikum vorzustellen. Ein großes Vergnügen für mich: 33 Gartenbesitzerinnen und -besitzer gewährten mir bereitwillig Einblicke in ihr Reich – Ihnen allen danke ich dafür sehr herzlich! Sie erzählten wunderbare Geschichten von zündenden Ideen und originellen Lösungen, vom Glück des Gelingens, von Veränderungen und Entwicklungen über die Jahre und Jahrzehnte ebenso wie vom Ärger mit Wühlmäusen, Schnecken und gelegentlichen Rückschlägen, gegen die man nie gefeit ist: Während ich schrieb, zog der Sturm Kyrill über das Land und fällte Rendel Bartons Scheinbuche in Lippstadt-Benninghausen ebenso wie Jörg Grothes Gleditsie in Reinsdorf.

Ich habe viel gelacht, viel gestaunt und viel gelernt. Die Gärten sind so unterschiedlich wie die Menschen und ihre Gestaltungsphilosophien. Während der eine für ruhige Flächen aus nur einer Pflanzenart plädiert, kann ein Beet für den anderen gar nicht abwechslungsreich genug sein. Alles ist möglich und richtig. Und alles hat seinen Reiz. Eine befreiende Erkenntnis.

Ich wünsche mir von diesem Buch, dass es vielen Menschen Lust darauf macht, sich den bereits zahlreichen Gartenpilgern anzuschließen. Das bringt auf Ideen, und es macht Mut, im eigenen Garten auch etwas zu wagen.

Offenburg, im März 2007 *Silke Kluth*

UTE UND DUNJA KIRCHNER, KLEISEERKOOG

Ein Garten im Gold-rausch

Überraschungen im Marschland

1

Vor knapp 280 Jahren hatte südwestlich von Niebüll noch das Meer das Sagen – bis man Deiche baute und ihm den Kleiseerkoog abtrotzte. Heute gibt es dort wieder eine Insel. Zugegeben: auf festem Boden, und dennoch auf dem platten Land irgendwie herausragend, sodass die Blicke schon von weitem von diesem Fleck Erde angezogen werden, wie von einer Insel auf dem Wasser. Sie heißt »Hof Hilligenbohl«, besteht aus einem großen, reetgedeckten Haus sowie einem Garten mit vielen Überraschungen.

Hier ist alles ein bisschen anders, und das liegt an Ute Kirchner und ihrer Familie. Vor etwa 20 Jahren kauften sie das Grundstück. Was die Kirchners daraus machten, hat etwas damit zu tun, wie sie ihr Geld verdienen: Sie handelten erst mit Antiquitäten, dann kamen Gartenmöbel dazu, denen allerhand nützliche und schöne Gartendinge folgten. Unter anderem Tulpenzwiebeln. »Die wollten wir gerne auch selber ausprobieren,« erinnert sich Ute Kirchner. »Das war herrlich – aber nur für ein Jahr.« Wühlmäuse (von unten) und Rehe (von oben) machten der Pracht den Garaus. Lediglich einige Narzissen waren verschmäht worden. Die Botschaft aus der Natur haben die Kirchners prompt verstanden und versenkten anstelle von Tulpen- jetzt einfach verstärkt Narzissenzwiebeln.

2

Während andernorts die Gärten erst im Juni/Juli zur Höchstform auflaufen, bricht heute auf Hof Hilligenbohl bereits im April der Narzissenblüten-Goldrausch aus. »Wir haben hier nur sehr gute Sorten, wie 'Actaea', 'Thalia', 'Ice Follies', 'Flower Record' und 'Pipit',« sagt Dunja Kirchner, die älteste Tochter und studierte Gartenarchitektin. »Sie sind seit zwölf bis 15 Jahren im Boden und vermehren sich!« Dafür werden sie im Frühjahr gedüngt, und nach der Blüte lässt man das Laub absolut gelb und trocken werden, bis man wieder mäht. Gegen diesen Anblick haben sich die Kirchners etwas einfallen lassen. Auf dem Rasen an der Westseite des Hauses, der für die Gäste der Ferienwohnungen reserviert ist, blühen Narzissen in Bändern, die wie Pinselstriche wirken – dazwischen lässt es sich gut mähen. Um vom verwelkenden Laub abzulenken, pflanzt Dunja Kirchner Tulpen und Zierlauch zwischen die Narzissen, die nacheinander den Blick in »höhere Etagen« ziehen.

Im Sommer wird es auf Hof Hilligenbohl ruhiger, aber nicht weniger idyllisch. Es gibt einiges zu entdecken – und viele Stellen zum Genießen. Zum Beispiel an den beiden naturnah gestalteten Teichen. Auf den vielen Bänken und Sitzgelegenheiten, die überall verteilt sind und die man oft erst beim Rundgang entdeckt, wie die Bank, die genau in ihre kleine Nische aus einer immergrünen Formschnitthecke passt. Am Sitzplatz am Lattenspalier, dessen ovale »Fenster« immer wieder von Efeu, Liguster, Jelängerjelieber, Hopfen und Kletterhortensien freigeschnitten werden müssen, damit man noch in die Landschaft blicken kann. Oder auf den terrakottafarbenen Fiberglas-Sesseln vor dem Saunagebäude. Wer noch Lust auf mehr hat – bitte sehr: Wie wäre es mit einem Gang durch das Erlenlabyrinth, das manchmal sogar dicht ist, wie Ute Kirchner betont. Außerdem gibt es den vier mal vier Meter messenden Knotengarten aus Buchs, Lavendel und vier Rosen. Rund um das Haus blühen noch mehr Rosen, sogar Englische, und außerdem Stockrosen. Die Rosenkugeln dagegen stehen im Naschgarten und halten die Beerenhochstämmchen im norddeutschen Wind aufrecht. Im Herbst kommen die Zwiebelblumen zurück: Unter einigen Obstbäumen tauchen die Herbstzeitlosen auf. Sie spielen jedoch die dekorative Nebenrolle, denn eigentlich ist dies die Zeit der Äpfel, von denen es hier so reichlich gibt, dass ihre Reife Anlass zu einem nach ihnen benannten Fest gibt. Für Abwechslung ist im Garten von Hof Hilligenbohl also gesorgt. Und er hat noch eine andere Stärke: Für seine Größe ist er ganz schön pflegeleicht! Denn Ute Kirchner betreibt einen Laden in Hamburg und hat daher nicht allzu viel Zeit – was dem Garten nicht sonderlich schadet.

3

1 | Unermüdlich zupft der Maschendrahtgärtner Unkraut, hier einmal am Teich. »Er ist der Einzige, der im Garten immer etwas tut,« freuen sich die Kirchners, während sie gemütlich Kaffee trinken. Vor einiger Zeit hatte der Gärtner noch einen sitzenden Maschendrahtkumpel, der jedoch eines Tages bei einem Sturm davonflog.

2 | Die Apfelwiese gab es schon, als Kirchners vor 20 Jahren das Grundstück übernahmen. Heute freuen sich die neuen Besitzer zweimal im Jahr ganz besonders darüber: Im Frühjahr, wenn die Apfelblüte die Narzissen unterstützen, und im Herbst, wenn die Früchte Anlass für das jährliche große Apfel-Fest geben.

3 | Früher Augenschmaus im Naschgarten: Zuerst blühen in diesem Gartenteil die Hyazinthen in geometrischen Formen. Einige Wochen später kann man sich hier bei den Beerenhochstämmchen bedienen, die von Rosenkugeln gestützt werden.

Vorhergehende Doppelseite:
Großes Bild: Abertausende von langlebigen Narzissen in 45 verschiedenen Sorten sorgen im Frühjahr für einen atemberaubenden Anblick. Das im Friesenstil aus alten Steinen gebaute Haus steht leicht erhöht. Das Gelände wurde mit dem Aushub aus den Teichen etwas modelliert; so entsteht eine Art Warftcharakter.
Kleines Bild: Der starke Farbkontrast der rüschig gefüllten, orangegelben Nebenkrone zur weißen Hauptkrone zeichnet die amerikanische Narzissensorte 'Precocious' aus.

1 GARTEN–STECKBRIEF

Adresse und Öffnungszeiten:
Ute Kirchner, Hof Hilligenbohl, Norderster Weg, 25899 Kleiseerkoog bei Niebüll, Tel. 04661/2848, Montag bis Freitag 040/27740500, Internet: www.hilligenbohl.de. Besuch am letzten Wochenende im April zum Narzissenfest bzw. zum Apfel- oder Lichterfest im Herbst möglich.

Größe:
Knapp 10 000 Quadratmeter.

Charakter:
Ein etwa 20 Jahre alter Landschaftsgarten um ein Haus im Friesenstil mit Rasenflächen, verschiedenen Sitzplätzen, zwei Teichen, einem Knotengarten, Rosen, einer Apfelwiese und sehr vielen Zwiebelblumen.

KATJA HILDEBRANDT, NEUMÜNSTER

Hier wuchs einst der Weizen

Im Einklang mit der Landschaft

»Eine Gartenmeise hatte ich schon immer«, sagt Katja Hildebrandt über sich selber. Die »Meise« macht sich wohl noch heute bemerkbar, denn die Gartenbau-Diplomingenieurin organisiert die bekanntesten Gartenmessen in Norddeutschland, »Frühlingsträume«, »Gartenzauber« und »Herbstzauber«. Zwar merkte sie erst im Nachhinein, was sie sich mit dem 7000 Quadratmeter großen Acker »eingeheimst« hatte, doch auch hier war die »Meise« stark genug: Neben drei Kindern und der Arbeit schuf Katja Hildebrandt in zehn Jahren aus dem Nichts ihren eigenen Gartentraum.

Am Anfang war der Wunsch, Haus und Garten an die Umgebung anzupassen. Nachdem das moderne Holzhaus stand, legten die Hildebrandts einen Wall um das Grundstück an, um darauf einen für Norddeutschland typischen Knick anzulegen – eine Hecke zum Schutz gegen Wind und, normalerweise, als »Weidezaun«, um das Vieh drinnen zu halten, bei Hildebrandts jedoch, um Blicke draußen zu lassen. Das, was wiederum die Gartenbesitzer im Blick haben, war gleich als nächstes dran: geschwungene Beete, die man von der Holzterrasse aus sieht, mit Stauden in Weiß, Rosa, Pink und Blau und, direkt an der Terrasse, »zum Einkuscheln«, ein kleines Beet mit Catalpa und Duftschneeball. Zur anderen Seite, aus dem Bürofenster, hat Katja Hildebrandt ihre Kinder auf dem Rasen mit Kinderhaus und »Kinder-Garten« immer im Blick. Aber auch den Gemüsegarten, den sie, wie einen typischen Bauerngarten, mit einem Zaun versah.

In der Zwischenzeit hat sie sich nach und nach weitere Gartenteile erschlossen. Ein naturnah angelegter Teich liegt an einer ruhigen Ecke mit Gräsern, Blutweiderich, Funkien, Iris und Trollblumen. Weil sie gern auch etwas formal Gestaltetes wollte, entstand hinter dem Gemüsegarten der von einer Hainbuchenhecke umschlossene Rosengarten mit Wegekreuz und buchsgefassten Beeten. Daneben steht heute noch ein Laubengang. Die andere ruhige Ecke des Gartens betritt man durch eine lockere Reihe von Hainbuchenwürfeln: eine Streuobstwiese. Diese feiert im Frühjahr ein großes Blütenfest mit Narzissen und Krokussen. Im hinteren Drittel dieses Gartenteils gibt eine halbovale Rotbuchenhecke einer Bank mit Blick zurück über die Buchenwürfel auf Rosen- und Gemüsegarten Rückendeckung. Hinter der Hecke verbirgt sich praktischerweise der Kompost.

»Mein Garten ist für mich kein Anschauungsobjekt«, sagt Katja Hildebrandt. »Er soll ein Wohnzimmer für die ganze Familie sein.« Und wie in einem Wohnzimmer geht sie her und ändert, was ihr nach drei Jahren nicht so recht gefallen will. Die anfangs zu schmal geratenen Beete zum Beispiel, oder die etwas dicht gepflanzten Sträucher – der Garten sollte eben schnell grün sein.

1

Und üppig blühen. Das tut er auch: Im Frühling mit Zaubernuss, Christrosen und vielen Zwiebelblumen, wie Schneeglöckchen, Winterling und Schneestolz, dann mit Felsenbirnen, Flieder, Spireen, Zieräpfeln, Tulpen und frühen Stauden. Der Sommer kommt mit Rittersporn, Astilben, Storchschnabel, vielen anderen Stauden und, natürlich, mit den Rosen. Der Herbst ist durch Laubfarben, Astern, Gräser und Chrysanthemen geprägt. Katja Hildebrandts »Gartenmeise« hat ganze Arbeit geleistet. Was für ein Glück!

2 GARTEN-STECKBRIEF

Adresse und Öffnungszeiten:
Katja Hildebrandt, Hartwigswalder Straße 50, 24539 Neumünster, Tel. 04321/555170, Internet: www.zauberhaft.net.
Besuch nach telefonischer Vereinbarung.

Größe:
Etwa 7000 Quadratmeter.

Charakter:
Ein zehn Jahre alter Familiengarten auf einem früheren Getreideacker mit großer Rasenfläche, naturnahem Teich, klaren Linien, einem Rosengarten, einem Gemüsegarten und großzügigen Staudenbeeten.

1 | Pflegeleichte Stauden unter sich: Die großen leuchtend violetten Schalen des Pracht-Storchschnabels *(Geranium* x *magnificum)* zeigen sich hier mit einer duftigen, gelbgrünen »Halskrause« aus Frauenmantelblüten.

2 | Am Rand des Gemüsegartens, der wie ein klassischer Bauerngarten eingezäunt wurde, machen die reifen Früchte eines Stachelbeer-Hochstämmchens in der Morgensonne Lust auf die Ernte – mit anschließendem Marmeladekochen.

3 | Der Gemüsegarten hat für Katja Hildebrandt immer noch eine zweite Funktion als Schnittblumengarten, daher wachsen hier z. B. Zinnien neben Zucchini, Bohnen und Kartoffeln. Die weiße Hortensie war einmal eine Dekopflanze auf einer Messe. Sie fand hier erst vorübergehend – und jetzt wohl für immer – einen Platz.

Vorhergehende Doppelseite:
Großes Bild: In symmetrisch angeordneten Buchsabteilungen wachsen Englische und zunehmend mehr Moderne Rosen. Schafgarbe, Lavendel und andere Begleitpflanzen sucht Katja Hildebrandt entsprechend nach der Blütenfarbe der Rose aus.
Kleines Bild: 'Rose de Resht' ist eine der zuverlässigsten Alten Rosen.

FENNA UND FRIEDRICH GRAF, ASCHEBERG

Alles eine Frage der Fantasie

Harmonische Gartenbilder

Dem Garten rund um das Reetdachhaus in Ascheberg hätte nichts Besseres passieren können: Vor 14 Jahren fiel er in die Hände von Fenna Graf. Für beide sollte es ein Neuanfang sein, denn die Seiteneinsteigerin entdeckte hier das Gärtnern für sich. Nach und nach eroberte sie sich Stück für Stück des zunächst 7 000 Quadratmeter großen Grundstücks für ihre grünen Fantasien. Und es geht noch weiter: Dieses Jahr kamen noch einmal 3 000 Quadratmeter Gartenfläche dazu.

Anders als viele, die vorhaben, einen Garten oder einen Teil davon zu gestalten, nimmt Fenna Graf dabei weder Papier noch Bleistift in die Hand. Ihre Beete und Sitzplätze, ihre Gänge und Bereiche entstehen im Kopf. Statt an den Schreibtisch setzt Fenna Graf sich an Ort und Stelle in den Garten und richtet die in Frage kommende Stelle erst einmal in Gedanken ein. Sie beobachtet den Verlauf von Licht und Schatten, überlegt, welche Atmosphäre und welche Farben ihr hier gefallen würden und welche Materialien und welche Pflanzen dem entsprechen könnten. Dabei spielt das Gefühl für Harmonie die tragende Rolle: Das Einzelne muss sich sich stets stimmig in das gestalterische Gesamtbild einfügen, sei es eine Pflanze, ein Beet, ein Weg oder gar ein ganzer Sitzplatz.

Das Gefühl, dass hier immer eins zum anderen passt, gewinnt man schon, wenn man das Grundstück betritt und auf den Hauseingang zugeht. »Das ist der wichtigste Teil des Gartens,« findet Fenna Graf. »Der erste Eindruck muss stimmen.« Das tut er hier. Eine große Birke steht inmitten eines Rondells in einem weichen Frauenmantelteppich und lässt im Wind ihre beweglichen Zweige tanzen. Auf dem Platz vor dem Haus spielen Licht und Schatten miteinander. Kletterhortensien schmiegen sich an die Gebäudewand. Davor schmücken Rhododendren diesen Bereich und geben einem Sitzplatz Rückendeckung, der, kaum dass man im Garten der Grafs angekommen ist, schon zum Verweilen und Genießen einlädt. Es lohnt sich, denn durch die liebevoll platzierten Details – verschiedene, große Pflanzgefäße mit Sommerblumen, Hortensien und Buchsformschnitt, große Laternen, ein Holzfass mit Wasserpflanzen – hat das Auge ordentlich zu tun. Wenn da nicht diese begrünten Bögen und eine Reihe von Hochstamm-Robinien wären, die die Neugier wecken. »Dort muss man durchgehen wollen, um zu entdecken, was dahinter liegt,« sagt Fenna Graf.

Dieser Effekt ist ihr gelungen. Und gleich noch einer hinterher: Wer dem Sog der Neugier folgt, kommt aus dem halbschattigen, eher kühlen Vorgarten in einen sehr sonnigen und heißen Bereich. Die Stimmung wirkt eher südlich, fast mediterran und trocken. Ein weiterer Sitzplatz steht hier auf einer Kiesfläche, umgeben von sechs kugelkronigen *Catalpa*, die Schatten spenden und durch ihre Höhe die Form dieses Raums definieren. Graulaubiger Wollziest, Katzenminze und violettblauer Ziersalbei rahmen den Platz und betonen das Mittelmeer-Flair. Zum Weg hin werden sie von Wolfsmilch und Frauenmantel gerahmt, deren gelbgrüne Blüten das Beet selbst an trüben Tagen zum Leuchten bringt.

»In der Kiesfläche entsteht vieles von selbst,« freut sich Fenna Graf. »Stiefmütterchen, die im Beet gewachsen sind, säen sich aus und wandern in die Fläche, wo sie dann im Herbst blühen. Das lasse ich gerne zu!« Dem Sitzplatz gegenüber ist ein Rondell mit Katzenminze sowie Ziersalbei in verschiedenen Höhen. Im Frühsommer zieht sich ein Bogen von Zierlauch darum herum. Später blühen hier weiße Schwertlilien *(Iris sibirica)* und vier weiße Hochstammrosen der Sorte 'Winchester Cathedral', gefolgt von vier Hortensien, die im Herbst die Hauptrolle übernehmen.

Natürlich ist der Weg zum Sitzplatz nicht die einzige »Verführungskunst« von Fenna Graf. Von einer Rasenfläche aus hat man eine andere Perspektive auf das Gebäude, die Gary Rogers im Foto oben festgehalten hat. Dort säumen Kletterrosen die Fenster zum Schlafzimmer. Davor blühen Alte Rosen, Pfingstrosen, Eisenhut, Astilben, Phlox, Elfenblumen, Pracht-Akanthus *(Acanthus mollis)* und, im Vordergrund, Kaukasus-Storchschnabel *(Geranium renardii)*. Das Beet ist von einer niedrigen Buchsformschnitthecke gefasst. Gegenüber der Häuserecke wächst eine uralte Japanische Zierkirsche, die schon vor den Grafs in diesem Garten war. Sie blüht im Frühjahr, und im Frühsommer gleich noch einmal, denn der Baum ist über und über von einem Rambler bewachsen. Die Sorte ist unbekannt, doch seine Blüten ähneln der Strauchrose 'Ghislaine de Feligonde', die vis-a-vis der Zierkirsche wächst: Sie öffnen sich orangegelb und verfärben sich im Verblühen weiß. Die Krone der Zierkirsche ragt bis über die buchsgesäumte Beetkante, bildet auf diese Weise eine Art Tor und somit wieder eine Verlockung, in den dahinter liegenden Gartenteil zu wandern. Fenna Graf hat diese Einladung optisch noch geschickt verstärkt, indem sie rechts und links des Durchgangs jeweils eine Reihe aus drei Buchskugeln pflanzte. Diese stehen nun quasi Spalier und lassen spürbar recht herzlich in den nächsten Gartenraum bitten.

1 | So wie drei Pünktchen am Ende eines Satzes den Leser dazu auffordern, diesen selbst zu Ende zu denken, so deutlich laden die beiden Buchskugel-Dreierreihen den Besucher ein, zwischen ihnen hindurch in den nächsten Gartenteil zu treten.

2 | Zwischen Wohnhaus (rechts) und dem Seminarhaus von Friedrich Graf führt der Weg durch mehrere mit Rosen, Glyzinen und Clematis berankten Bögen hindurch. Zierlauch, Schwertlilien und große Pflanzgefäße mit Hortensien und Hornveilchen säumen die Passage. Vier Robinien sorgen im Sommer für Schatten.

3 | Hier hat sich eine unbekannte, gut duftende Rosenschönheit malerisch mit der hellrosa bis weiß blühende Polyantha-Rose 'Cécile Brünner' verwoben.

Vorhergehende Doppelseite:
Großes Bild: So einladend kann ein Vorgarten gestaltet sein! Kaum angekommen, darf man sich niederlassen, um das Spiel von Licht und Schatten zu genießen.
Kleines Bild: Der Weg zum Hauptsitzplatz des Gartens wirkt durch die hintereinander platzierten, berankten Bögen wie ein Laubengang. Vom Sitzplatz aus leiten weitere Wege durch mit Rosen und weiß blühendem Blauregen bewachsene Bögen zu anderen Gartenattraktionen, wie Saunahäuschen und Bouleplatz.

1

2

Vom Schönen und vom Nützlichen

Nicht überall im Garten der Grafs geben die Blüten den Ton an. »Am Teich muss es den ganzen Sommer über schön sein,« findet Fenna Graf. »Deshalb habe ich hier ein ovales Beet nur mit Blattfarben und Strukturen gestaltet.« Unter dem Laubschirm eines mehrstämmigen Ahorns sorgen daher die blaugrüne Funkiensorte 'Halcyon', die grünlich bis rahmweiß blühende Wald-Hortensie 'Annabelle', weiße und cremefarbene Astilben sowie Chinaschilf für Wassergartenstimmung. Am Teichufer lädt natürlich auch wieder ein kleiner Sitzplatz zum Ausruhen ein, von dem aus man die weiß blühenden Seerosen bewundern und die großen Graskarpfen beobachten kann.

Die Philosophie des harmonischen Ganzen gilt bei der Familie Graf für den gesamten Garten, und so kommt folgerichtig zum Schönen noch das Nützliche: Um den großen, von Hainbuchenhecken umschlossenen Gemüsegarten kümmert sich Friedrich Graf. Er zieht dort Zwiebeln, Kartoffeln und Salat; im Gewächshaus gedeihen Gurken, Tomaten und Basilikum. Obst stammt von einem Spalier, außerdem von einer Obstwiese. Erst wenn die Ernten den Nutzgarten verlassen, kommt Fenna Graf wieder ins Spiel: »Ich mache gerne ein!« Neben Obst und Gemüse haben Kräuter einen wichtigen Platz auf dem Grundstück bekommen, unter anderem auch ganz bestimmte: Friedrich Graf ist praktischer Arzt mit homöopathischem Schwerpunkt. Die passenden Gewächse zu diesem speziellen Themengebiet kann man im Heilpflanzengarten kennenlernen.

Die zu stimmigen Gartenbildern umgesetzten Fantasien von Fenna Graf bedurften natürlich einer bestimmten Grundlage. »Man braucht Vorbilder,« sagt sie. Daher reiste das Ehepaar Graf in den ersten Jahren ihrer Ascheberger Zeit nach England und inzwischen alljährlich in die Niederlande, um sich Anregungen und Ideen zu holen. »Die Gestaltung der niederländischen Gärten ist besser auf unsere Bedingungen zu übertragen,« findet Fenna Graf. »Mit den englischen Traditionen geht das nicht so leicht, allein schon, weil das Klima dort anders ist.« Aus der Frau, die mit Garten gar nichts im Sinn hatte, ist mittlerweile eine leidenschaftliche Gärtnerin geworden – und somit selbst zum Vorbild für andere, die sich in der Kunst der Gartengestaltung üben möchten. Fenna Graf gibt ihre Erfahrungen und Philosophien gerne auf Führungen durch ihren Garten weiter. Oft wird sie dabei gefragt, wie sie diese ganze viele Arbeit überhaupt bewältigt bekommt. Darüber kann sie sich eher wundern: »Ich denke nicht zuerst an Arbeit, wenn ich etwas im Garten tue, auch nicht, wenn dafür im Frühjahr täglich 14 bis 15 Stunden zusammenkommen. Die Natur gibt mir viel zurück. Und die Gartentätigkeiten haben für mich etwas wohltuend Meditatives.«

3

1 | Ein Sitzplatz, so findet Fenna Graf, ist immer auch eine Art Dekoration für den Garten und sollte daher nicht so dominant wirken, sondern in die Gestaltung integriert werden. Die Details, zum Beispiel Pflanzgefäße, wechselt sie jährlich.

2 | Der Ahorn am Teich wurde aufgeastet, damit der Blick schön frei bleibt. Dadurch bekommt die Situation auch etwas dezent Japanisches. Im weißen Pflanzgefäß ganz rechts erhalten sich Hornveilchen durch Selbstaussaat ganz von selbst.

3 | Ein Leben ohne Garten kann Fenna Graf sich überhaupt nicht mehr vorstellen. Im Sommer ist sie schon ab fünf Uhr morgens draußen und genießt die unvergleichlich schöne Stimmung, während sie diszipliniert dem Unkraut zu Leibe rückt.

3 GARTEN–STECKBRIEF

Adresse und Öffnungszeiten:
Fenna und Friedrich Graf, Sprangsrade, 24326 Ascheberg-Glasholz, Tel. 04526/1235. Teilnehmer der Aktion Offener Garten, Internet: www.offenergarten.de; Besuch im Juni oder Juli auch nach Absprache.

Größe:
10 000 Quadratmeter.

Charakter:
Ein seit 15 Jahren gestalteter Garten im englischen Stil mit Beeten und Rabatten, vielen Sitzplätzen, Teichen, Kräutergarten, Gemüse- und Obstgarten, einem Formgarten und einem Heilpflanzengarten.

ERIKA UND RAINER JAHNKE, RÖBEL

Immer Lust auf neue Pläne

1

2

Im Wechsel der Generationen

Es war einmal ein Bauerngarten. Ein richtiger, wie man ihn sich traditionsgemäß vorstellt. Darin wuchs so viel Obst und Gemüse, dass die Familie, die dort wohnte, dank Vorratswirtschaft rund ums Jahr damit versorgt war. Zwischen den Gemüsebeeten gab es keine ordentlichen Wege, denn damit würde man schließlich Land verschenken. Wie es sich für einen Bauerngarten gehört, blühten dort auch Blumen wie Bechermalven, Margeriten und Felberich. Diesen Garten gibt es heute noch, und darin gedeihen Obst und Gemüse gleichermaßen wie Blumen. Als »Bauerngarten« würde man ihn jedoch nicht mehr bezeichnen, sondern eher als »Landhausgarten«, bei dem die Optik mehr Gewicht hat als die Ernte.

Ein Generationswechsel hinterlässt hier seine Spuren: Erika Jahnke hat den Bauerngarten ihrer Mutter übernommen – nach und nach. »Ein Garten muss sich entwickeln,« findet sie. »Er muss immer in Bewegung sein.« Ihrer ist das beste Beispiel dafür. Als Erika Jahnke 1985 wieder auf den elterlichen Hof zog, hatte die Mutter bereits zunehmend Rasenflächen eingesät, einmal, weil nach dem Auszug der Kinder weniger Bedarf an Obst und Gemüse war, zum anderen aber auch, weil sie weniger Arbeit haben wollte. Erst teilten Mutter und Tochter sich den Garten. Jedes Jahr übernahm Erika Jahnke dann ein Stückchen mehr und gestaltete es in ihrem Sinne um.

Der Gemüsegarten besteht nun aus übersichtlichen, nicht allzu großen, von Klinkerwegen eingefassten Beeten. Darin wächst weitgehend dasselbe wie früher – Erbsen, Bohnen, Schalotten, Lauch, Zwiebeln, Möhren, Stangenbohnen, Rote Bete, Grünkohl, Mangold, Kohlrabi und Kartoffeln sowie Gurken und Tomaten, die im Gewächshaus gedeihen. »Was man selbst aus der Kindheit kennt, das wollen die eigenen Kinder dann ebenso,« stellt Erika Jahnke fest. Allerdings betreibt sie keine Vorratshaltung mehr. Zumindest fast keine: Bei Marmeladen und Gelees von der Obstwiese, die zwischendurch einmal als Schafweide fungierte, macht sie gerne Ausnahmen. Was das Gemüse betrifft, so kommt jedoch nur das ins Beet, was sie über die Saison hinweg frisch ernten möchte.

Im Gegensatz zu früher spielt im Gemüsegarten auch das Aussehen eine wichtige Rolle. So sät Erika Jahnke Schnittsalat in Rot und Grün, wie die Sorten 'Lollo rossa' und 'Lollo bionda', die sie blattweise ernten und damit das dekorative Bild länger erhalten kann. Kopfsalat findet ebenfalls einen Platz, doch beim Wegnehmen wird darauf geachtet, wo sich der »Verlust« am wenigsten bemerkbar macht. Manchmal wendet sie dafür ihren »Bleichglockentrick« an: Das attraktive Tongefäß stülpt sie im Frühjahr zur Verfrühung über den Rhabarber. Später wandert es dorthin, wo es gerade einen Blickfang abgibt, als Pflanzenstütze dient, z. B. beim Türkischen Mohn – oder eben, um ein Loch im Beet zu kaschieren.

3

1 | Die Stangen mit weißen Spitzen zwischen Rittersporn, Storchschnabel und Rosen kündigen an, wo ab dem Spätsommer die Dahlien den Ton angeben werden.

2 | Weißblaue Beete säumen den Weg zum Pavillon, der heute mit Lärchenholz verkleidet ist. Zwiebeln der Tulpe 'White Triumphator' werden bei Bedarf nachgesteckt.

3 | Erika Jahnke legt ein Augenmerk darauf, dass ihr Garten auch im September und Oktober üppig blüht. Eine Hauptrolle spielen dabei die vielen Dahlien.

4 | An der Schattenseite des Pavillons übersommern Aurikeln auf einer Etagere. Im November geht's ins Gewächshaus; ab März werden sie auf die Blüte vorbereitet.

Vorhergehende Doppelseite:
Großes Bild: Auf kleinen, von Klinkerwegen eingefassten Beeten kultiviert Erika Jahnke alle Gemüse, die sie gerne frisch haben möchte.
Kleines Bild: Im von Ramblern berankten Pavillon kommt man sich vor wie in einem Dornröschentraum.

4

Durchblühen als Leitmotiv

Der Rahmen des Gemüsegartens zeigt, was Erika Jahnke in erster Linie umtreibt: die Lust am Gestalten mit Zierpflanzen. Eine Seite ist von einer niedrigen Buchshecke begrenzt, die im rechten Winkel durch einen Streifen der Lavendelsorte 'Hidcote' ergänzt wird. Soweit die akkuraten Linien. Die Pflanzen der beiden dieser Ecke gegenüberliegenden Gemüsegartenränder blühen eher so, wie sie ihre Samen haben fallen lassen. An einer Stelle strecken Fingerhüte ihre Kerzen in die Höhe, daneben eine Gruppe weißer und eine Gruppe blauer Rittersporne. Hier und da leuchten rote Tupfen, wo sich der Marienkäfer-Mohn 'Ladybird' ausbreitet.

2

Wandern ist den Ein- und Zweijährigen ausdrücklich erlaubt – wenn auch innerhalb gewisser Grenzen: »Wo es passt, habe ich es gern, wenn die Pflanzen sich aussäen,« sagt Erika Jahnke. Aus mehreren Gründen: Die Gewächse bestimmen selbst, welche Stellen ihnen zusagen und gedeihen dort dementsprechend gut. Außerdem blühen sie früher als die vielen anderen Arten, die Erika Jahnke zusätzlich aussät, wie Prachtkerze *(Gaura lindheimeri)*, Mexikanischen Salbei *(Salvia patens)*, Kosmee, weißen Muskateller-Salbei *(Salvia sclarea)* und den als Staude eher kurzlebigen Rittersporn aus der Pacific-Gruppe. Die eigenen Aussaaten wiederum haben den Vorteil, dass sie zwar später zur Höchstform auflaufen, dafür aber die Blühsaison bis in den Herbst hinein verlängern. »Mir ist es wichtig, dass der Garten durchblüht,« erläutert Erika Jahnke eines ihrer gestalterischen Leitmotive. Daher versenkte sie mit ihrer Familie vor sieben Jahren 1200 Narzissenzwiebeln zwischen Apfel-, Birnen-, Kirsch-, Pflaumen- und Quittenbäumen auf der Obstwiese, die, mit Tulpen und anderen Frühblühern, den Auftakt in die Saison bilden. Weiter geht es mit Pfingstrosen, Schwertlilien, Sterndolden *(Astrantia)*, Storchschnabel und Phlox sowie den vielen Strauch- und Kletterrosen bis in die Zeit der Herbstastern, der vielen Dahlienschönheiten und der feinen Gräser.

1

Dieser Erfolg kommt natürlich nicht von ungefähr: Mit 27 legte Erika Jahnke ihr erstes Staudenbeet an. Seit 1989 führt sie ein Gartenbuch, in dem sie Ideen notiert, die ihr auf ihren vielen Reisen nach England und Schottland kommen und in das sie farbige Beetpläne hineinzeichnet. Immer noch, denn die Lust am Ausprobieren und Umgestalten lässt Erika Jahnke nicht los. Das muss ansteckend sein: Vor sieben Jahren übernahm ihr Ehemann, Rainer Jahnke, von einem der fünf inzwischen erwachsenen Kinder ein Staudenbeet. Und geht seitdem begeistert und motiviert eigene gestalterische Wege, z. B. mit einem Steingarten. Die Bereiche der Jahnkes sind zwar getrennt, ein Austausch von Pflanzen kommt allerdings gelegentlich vor: Mal nimmt er eine ihrer Dahlien in seine Beete auf, mal gefällt ihr eine seiner Herbst-Anemonen.

»Ich geistere gern ganz früh morgens durch den Garten,« sagt Erika Jahnke, »weil dann die Stimmung so traumhaft schön ist. So übersteht man die Stürme des Berufsalltags besser.« Die sind nicht unerheblich: Als Schulleiterin hat sie gut zu tun. Manches kann sie auf dem Sitzplatz am Fischteich erledigen, den ihr Vater einmal angelegt hat. Das, was sie dort für die Schule tut, und nicht das Umpflanzen und Unkraut ziehen, nicht die großen Sä-Aktionen im April oder die Dahlienpflanztage im Mai, das nennt sie »Arbeit«. Und selbst dabei kommt der Genuss am Garten nicht zu kurz, denn zwischen Sumpf-Schwertlilie, Bachnelkenwurz und Sumpfdotterblume, da arbeitet es sich einfach am schönsten.

4 GARTEN–STECKBRIEF

Adresse und Öffnungszeiten:
Erika und Rainer Jahnke, Am Dorfplatz 12, 23701 Röbel bei Eutin, Tel. 04521/3873. Teilnehmer der Aktion »Offener Garten Schleswig-Holstein und Hamburg«; Termine im Internet: www.offenergarten.de.

Größe:
5000 Quadratmeter, einschließlich der Obstwiese.

Charakter:
Die Weiterentwicklung eines elterlichen Bauerngartens. Seit 21 Jahren wird er nach und nach zum Landhausgarten umgestaltet, wo Obst und Gemüse heute noch eine große Rolle spielen. Außerdem Staudenrabatten, ein Steingarten, ein Teich und die Obstwiese.

1 | Vor dem Pavillon, zwischen Rittersporn und Iris, blüht die Historische Rose 'Charles de Mills'. Der Weg wird kurz begleitet von einer Schnittlauchreihe. Links davon liegt eine Kräuterspirale. Im Hintergrund, vor der dunklen Blutbuche, liegt die Terrasse, von der aus man auch einen Blick auf den Teich hat.

2 | Momentaufnahme aus vergangener Zeit: Dieses Beet mit vielen einzelnen Pflanzen trägt noch die Handschrift von Erika Jahnkes Mutter. Die Gartenerbin dagegen bringt lieber mit weniger Arten und größeren Gruppen Ruhe in die Gestaltung.

3 | Am Rand der Gemüsebeete dürfen sich Ein- und Zweijährige gern selber aussäen, z. B. der Marienkäfer-Mohn 'Ladybird' und Fingerhut. Damit letzterer nicht mit der Zeit in das natürlich vorkommende Rosa zurückfällt, setzt Erika Jahnke an anderer Stelle gezielt weiße und apricotfarbene Sorten, die ihre Eigenschaften dann wieder in die Sämlinge einkreuzen können. Die Rosen im Hintergrund von links nach rechts: 'Fritz Nobis', 'Rose de Resht' und, an der Säule, 'Constance Spry'.

3

ROLF WALTER UND URSEL SCHWARZE, KUHMÜHLEN

Grüne Räume nach Art der Medici

1

Von Anfängen und Neuanfängen

Wenn Rolf Walter Schwarze Besucher durch seinen Garten führt, beginnt er stets mit dem Kräutergarten. Eigentlich hat das »dramaturgische« Gründe, weil er seinen Gäste den – zugegebenermaßen für Norddeutschland recht ungewöhnlichen – Höhepunkt nicht vorwegnehmen möchte. Den Kräutergarten an den Anfang des Rundgangs zu setzen, hat aber auch etwas Symbolisches, denn er ist sozusagen der Schlüssel dazu, was die Atmosphäre dieses Grundstücks und das Leben seiner Bewohner heute ausmacht. Beginnen also auch wir am Anfang: Vor 25 Jahren zog die Familie Schwarze aufs Land. Man wollte gesünder leben, und dazu gehört eine gesunde Ernährung. Folglich bauten sie nach biologisch-dynamischen Grundsätzen in ihrem Nutzgarten Gemüse und Kräuter an – sehr erfolgreich. »Einmal ernteten wir anderthalb Zentner Spargel – das konnten wir alleine gar nicht bewältigen,« sagt Rolf Walter Schwarze. »Und weil Freunde aus der Stadt immer einen guten Grund brauchen, um zu Besuch zu uns aufs Land zu fahren, luden wir oft ein, um unsere Ernten zu verkochen.«

Die Zeiten ändern sich. Nach 20 Jahren in der Werbebranche bekam Rolf Walter Schwarze Lust auf etwas Neues, und das hatte in der Folge seiner Nutzgartenaktivitäten mit Kochen zu tun: Mit Unterstützung von Ehefrau Ursel eröffnete er vor 14 Jahren das Restaurant »Zur Koster-Mühle«. Der dafür zu aufwändige Gemüseanbau wurde stark reduziert. Zugunsten des Kräutergartens, der nun neben der Würze von Frühjahr bis Herbst vor allem frische Blüten liefert: Was morgens oder mittags geschnitten wird, ziert im Restaurant abends den Teller. Zum beruflichen Neuanfang begann auch für das Grundstück jenseits des Kräutergartens ein neuer Abschnitt. Und das kam so: Die Schwarzes machten gern Urlaub in der Toskana, weil sie die Mentalität, die Lebensführung und das gute Essen schätzten. Und die Gärten. Den besten Eindruck hinterließen die Anlagen der Medici mit ihren klaren Linien aus symmetrischen Formschnittpflanzungen. Der Garten der Villa Gamberaia brachte letztendlich die Entscheidung, es mit einem ähnlichen Konzept zu versuchen. »Wir übernahmen die Idee, den Garten mit Räumen zu gestalten, die alle einem unterschiedlichen Nutzen dienen,« erinnert sich Rolf Walter Schwarze. »Dann müssen wir nicht jedes Mal nach Italien fahren, um das zu genießen.«

Eine gewaltige Vision – schließlich braucht ein Garten aus Formschnittpflanzen richtig Zeit. 30 Jahre, so schätzte man. Eines Winters machten sich die Schwarzes mit der Einstellung »der Weg ist das Ziel« dennoch daran, erste Pläne zu zeichnen. Und siehe da: Bereits nach knapp der Hälfte der veranschlagten Zeit stehen die Schwarzes vor ihren Hecken und Figuren und staunen darüber, wie geschlossen sich das Gartenbild jetzt schon darstellt. Den Besuchern, die vom Kräutergarten in den Hauptteil geführt werden, verschlägt dieser Anblick oft sogar schier die Sprache. Das liegt wohl vor allem am Gestaltungskonzept, das aber auch ahnen lässt, was an Ausführung und Zeit offensichtlich dahinter steckt.

Ausgangspunkt der Planung ist der Blick von der Terrasse. In den vier Ecken des davor liegenden Raumes finden sich symmetrisch angeordnete Beete, eingefasst von niedrigen Buchshecken. Darin, immer spiegelbildlich, wachsen allerhand Formschnittfiguren aus Buchs und Eibe, außerdem Lavendel, Spiersträucher, Fingerhut, Mohn, Rittersporn, Storchschnabel und Phlox. »Wir sind keine Pflanzenfreaks,« stellt Rolf Walter Schwarze fest. »Hier wächst nur, was problemlos ist.« Gelb und Rot sind nicht erwünscht. Zwischen dem alles beherrschenden Grün ergänzen im Hauptgarten daher blaue, weiße und rosa Blüten die Farbstimmung. Der Clou dieses Raumes ist die Blickachse. Ein 16 Meter langes, von Zitronen in mediterranen Terrakottatöpfen gesäumtes Wasserbecken leitet das Auge auf das hintere Ende. Dort, etwas erhöht, präsentiert sich großes Gartentheater: ein Formschnitt-Rondell, in dem nostalgisch gefüllte, duftende Rosensorten wachsen. Es ist umgeben von einer fünf Meter hohen, halbrunden und mit großen Fenstern versehenen Hainbuchenhecke, der »Apsis«, wie der Haus- und Gartenherr das imposante Gebilde zu nennen pflegt. Alle Achtung!

Wenn man genug gestaunt hat, macht man sich auf, die Feinheiten zu entdecken: Um den quadratischen Hauptgarten länger und eher rechteckig erscheinen zu lassen, bedienen sich die Schwarzes eines Tricks: Die beiden näher an der Terrasse liegenden Beete sind etwas länger, die beiden mehr zum Rondell hin entsprechend kürzer gehalten. Das streckt die Perspektive. Außerdem findet man in der allumfassenden Hainbuchenhecke viele Fenster und Türen. Diese führen zu weiteren Gartenräumen mit anderem Charakter – und anderem Nutzen. Nach rechts geht es in den Wiesengarten, der etwas natürlicher gehalten ist. Im Frühjahr geben hier Tulpen den Ton an, später Mohn, Lupinen und Iris. Zur linken Seite des Hauptgartens führt der Weg durch die Hainbuchentür ein paar Stufen hinunter auf einen Bootssteg, der aber eigentlich als Lieblingsfrühstücksplatz dient. Von dort hat man einen Blick auf den Naturteich, der von Kois bevölkert und, bei warmem Wetter, auch gern zum Schwimmen genutzt wird.

2

3

1 | Das Foto aus älteren Zeiten zeigt, dass Rolf Walter Schwarze es anfänglich mit den Pflanzen nicht ganz so genau genommen hat: Er kombinierte langsam- und schnellwachsende Buchssorten miteinander, dadurch brauchte die niedrige Hecke etwas länger, sich zu schließen. Na und? Heute hat sich alles angeglichen!

2 | Erstaunlich, wie sich prachtvolle pink- und dunkelpurpurfarbene Kulturtulpen dem Wiesencharakter dieses Gartenteils anpassen, wenn man den Mut hat, sie einzeln und verstreut zu pflanzen. Hier war der Fotograf schneller als Rolf Walter Schwarze, der rot blühende »Irrläufer« eigentlich immer wegschneidet.

3 | Das Rondell wirkt schon dadurch erhaben, weil es etwas erhöht steht. Sein apsisähnlicher Hainbuchen-Hintergrund ist inzwischen fünf Meter hoch. Dass zur Pflege spezielle Leitern und Werkzeug erforderlich sind, kann man sich vorstellen.

Vorhergehende Doppelseite:
Großes Bild: Ein 16 Meter langes Wasserbecken, in dem manchmal auch eine Reihe von Fontänen plätschert, Terrakottatöpfe und Zitronen – hier ist der Süden im Norden angekommen. Die Beckeneinfassung aus Tuffstein hat sich zwischenzeitlich mit Moos und Dachwurz begrünt.
Kleines Bild: Bald blüht der Lavendel aus dem Formschnitt heraus und verstärkt die mediterrane Atmosphäre des Gartens.

1

2

3

5 **GARTEN–STECKBRIEF**

Adresse und Öffnungszeiten:
Ursel und Rolf Walter Schwarze, Gasthaus zur Kloster-Mühle, Kuhmühler Weg 7, 27419 Kuhmühlen/Sittensen, Tel. 04282/784, privat 04286/412, Internet: www.kloster-muehle.de. Im Sommer etwa alle 14 Tage Führungen. Für Gruppen auch nach telefonischer Absprache.

Größe:
Grundstück 28 000 Quadratmeter, gestaltet 10 000 Quadratmeter.

Charakter:
Ein etwa 14 Jahre alter Renaissancegarten mit viel Formschnitt, einem Rondell mit Hainbuchenapsis sowie Teich-, Wiesen- und Kräutergarten.

4

Am liebsten improvisieren

Wer jetzt denkt, dem Gartenplan auf Papier folgte planvolles Einkaufen der »Zutaten«, wird wieder überrascht sein. Rolf Walter Schwarze liebt es, zu improvisieren und den Zufall mitspielen zu lassen. Noch bevor der Garten sein Gesicht wandelte, hatten die Schwarzes etwas bei einem Tischler zu tun. Dessen Frau war gerade dabei, ihren Buchs zu scheren. »Ach,« sagten da die Schwarzes, packten sich einen Karton voll Triebspitzen ein und »parkten« diese im Gemüsegarten. Nach drei Jahren, als niemand mehr so richtig daran dachte, boten sich, halb von Gras überwachsen, auf einmal an die 300 Nachwuchsbuchse als prima Ausgangsmaterial für den Renaissance-Gartenplan an. Ähnlich war es mit den Buchen, die heute in der Hecke stehen: Sie fielen den Schwarzes auf einem Spaziergang in die Hände, als sie wild aufgegangene Sämlinge vor ihrem Untergang durch Waldarbeiten retteten.

Selbst die Pflege verläuft weniger planvoll als nach dem Lustprinzip. »Morgens gehe ich mit einer Schale Tee durch den Garten und entscheide dann, was ich an diesem Tag erledigen möchte,« erklärt Rolf Walter Schwarze. Am liebsten schnippelt er sich mit einer großen Papierschere (!) spielerisch durch sein grünes Figurenkabinett, aber bei den allein fast 2 000 Solitärbuchspflanzen kann er sich das nicht immer leisten. Dann kommt eine Elektroheckenschere mit kurzem Schwert zum Einsatz, obwohl die fransige und verbräunende Schnittkanten hinterlässt. Ausführung und Ergebnis der kreativen Formarbeit verschaffen den Schwarzes »starke Glücksgefühle«, und daher lassen sie sich nur ungern helfen. Ausgenommen sind regelmäßige und »stupide« Arbeiten, wie das Rasenmähen. Das darf gerne jemand anders erledigen.

1 | Oben Tauben, unten Hühner: So fürstlich residieren die Vögel am Rande des Wiesengartens, dazu noch mit einem Blick auf den etwa 500 Quadratmeter großen, mit Formschnitt geschmückten Kräutergarten. Im Frühling blühen hier eine Zierkirsche, Wildblumen und Tulpen in Weiß, Blau und, ausnahmsweise, in Gelb.

2 | Um auszuprobieren, ob ein langes Wasserbecken die Blickachse wirkungsvoll genug unterstreichen würde, stellten die Schwarzes jahrelang Terrakottagefäße in eine Reihe. Heute ist das Becken da – und der Formschnitt am Rondell akkurater.

3 | Rolf Walter Schwarze in seinem Buchsfigurenkabinett. Dort formt er unter anderem Kugeln, Kegel, Zwiebeln, »Korkenzieher« und Würfel – zum Teil, um mit dem Verkauf der Pflanzen zu seiner, wie er sagt, »Riester-Rente« beizutragen.

4 | Formale Beete mit Zwiebelbuchs bilden den Auftakt zum Kräutergarten und demonstrieren hier die Stärke der immergrünen Strukturen in der kalten Jahreszeit.

UTE UND CLAUS WETTERMANN, STADLAND

Prima Klima hinter dem Deich

Hecken, Kunst und Küstennähe

16 Jahre lang hatten Ute und Claus Wettermann ihren Garten schon, als eine Entscheidung dessen Gesicht völlig veränderte: 1995 bauten sie nach Westen hin einen erdwallartigen, 1,80 Meter hohen Deich und setzten davor noch eine Reihe von Eschen. Die Idee war eigentlich, den zunehmenden Lärm der direkt am Grundstück vorbeiführenden Bäderstraße abzuschotten. Dass dadurch gleichzeitig der an der Küste des Jadebusens wehende raue Nordseewind weniger ruppig einfallen würde, war ihnen zwar klar, nicht jedoch in welchem Ausmaß. »Der Wall ist ein Segen für den Garten,« stellt Claus Wettermann fest. »Das Wachstum der Pflanzen hat sich durch ihn stark verändert.« Was noch nicht alles ist, denn irgendwo musste das Material für den Deich ja hergekommen sein: Der Bagger hinterließ eine leichte Hanglage des Grundstücks von West nach Ost und einen Teich mit einer Insel.

Betritt man heute den Garten von der Bäderstraße, führt kurz vor dem Haus ein von Formschnitthecken gesäumter Weg nach links zum von Buchshecken gesäumten »Rosen- und Kräutergarten« in einer Rasenfläche mit Gehölzen. Schmale Plattenwege teilen ihn in handliche Beete. Hier wächst, in der Gesellschaft von Rosen wie 'The Fairy', alles, was Ute Wettermann für ihre Saisonküche liebt: ein wenig Salat, Thymian, Rosmarin, Liebstöckel, Zitronenmelisse, Salbei und Minze. An das Haus schmiegt sich eine kleine Terrasse, der Sitzplatz »für die Abendsonne«.

Der eigentliche »Terrassengarten« mit Sitzplatz, Gehölzen, Hortensien, Kletterrosen und Formschnittpflanzen liegt auf der Südseite des Gebäudes. Ein alter Birnbaum ist die einzige Erinnerung an die ehemalige Weide, die das Grundstück ausmachte, als die Wettermanns es übernahmen. Er steht mit einer Esche Spalier rechts und links des in den »Teichgarten« führenden Wegs. Dieser bestimmt die Hauptsichtachse des auf einem formalen Grundriss beruhenden Gartenteils und leitet den Blick auf die mitten im Teich gelegene Insel. Ehemalige Insel, muss es heißen, denn sie ist zur Halbinsel geworden, und der früher ovale Teich eher nierenförmig. Die Hecke darauf ist geblieben und bildet die Kulisse für zwei Statuen, die »Fiori di Savone« von Insa Winkler (siehe S. 42), denen links des Teichs – der optischen Ausgewogenheit halber – noch ein Pendant zugeordnet ist. »Wir lieben abstrakte Bildhauerei,« sagt Claus Wettermann, und das sieht man dem Garten auch an. Ein zwei mal drei Meter großes, an Vögel erinnerndes Mobile eines provenzalischen Künstlers schwebt über dem Wasser und spiegelt sich darin. Sechs Edelstahlelemente, die sich im Wind bewegen, scheinen wie eine Fontäne aus einem Rohr im Teich zu sprudeln. Schwebende Säulen, aufstrebende Stangen, eine stattliche Pappelwurzel, sozusagen ein von der Natur geschaffenes Objekt, eine Wasserschale – auf dem Rundgang trifft man immer wieder auf Überraschungen der künstlerischen Art. Auch auf die Objekte des Hausherrn, der in seinem Atelier beim Holzunterstand im »Kräuter- und Rosengarten« mit der Kettensäge Figuren aus Holzkuben und -quadern formt und sie mit schwarzer Lasur vollendet, um ihnen optisch mehr Gewicht zu verleihen. Ute Wettermann dagegen ist die Pflanzenfrau. In langen Jahren hat sie herausgefunden, was sich in der salzigen Seeluft bewährt: Narzissen, Funkien, Pfingstrosen, Hortensien, Eschen und Blutbuche gedeihen prima; die geliebten Rosen, wie 'Bobbie James', 'Golden Showers' und 'Schneewittchen' dagegen müssen etwas gehätschelt werden. Eine Herausforderung war das Westufer des Teichs: eine 1,80 Meter hohe Böschung. »Am Anfang habe ich das gepflanzt, was üblicherweise an den Teichrand passt,« erinnert sich die versierte Gärtnerin. Durch die Schräge und den schweren Kleiboden war die Pflege jedoch kaum möglich. Jetzt sorgt flach wachsender Kirschlorbeer für dauerhaftes Grün. Dazwischen liegen große Flächen einzelner Staudenarten, wie Frauenmantel und Schwertlilien. »Das wirkt viel ruhiger und nicht so tütelig,« urteilt Ute Wettermann. So ist es, und das passt perfekt zur Gesamtstimmung des Gartens hinter dem Deich, dessen stilvoller Formschnitt alle Gestaltungselemente zu einem harmonischen Ganzen verbindet.

6 GARTEN–STECKBRIEF

Adresse und Öffnungszeiten:
Ute und Claus Wettermann, Augustgroden 39, 26937 Stadland, Tel. 04734/287, Internet: www.augustgroden39.de. Besuch nach telefonischer Absprache bzw. zum Öffnungstermin der »Gärten im Küstenwind« (siehe S. 158); auch für Gruppen. Eintritt: 2 Euro.

Größe:
Etwa 4 000 Quadratmeter.

Charakter:
Ein seit 1979 gestalteter Garten im Schutz eines Walls mit strengem Grundriss, zurückhaltenden Farben, einem Teich und Skulpturen.

1 | Der Blick nach Osten ist herrlich, doch bei beständig schönem Wetter pfeift von dort der Wind herein. Nach einigen Experimenten ließ sich Claus Wettermann durch ein Beispiel im Garten des niederländischen Gestalters Piet Oudolf zu dieser Lösung inspirieren, die beides ermöglicht: Die doppelte, gegeneinander geschwungen geschnittene Thujahecke ist nur so hoch, dass man auf der Terrasse im Sitzen vor Wind geschützt ist und im Stehen einen freien Blick in die Landschaft hat.

2 | Eigentlich beschränken sich die Besitzer dieses Gartens bei den Farben auf Gelb und Weiß. Die Hortensien gedeihen auf dem schweren Kleiboden jedoch so willig, dass ihre Rosé-Töne erlaubt sind und Ute Wettermann ihnen im »Terrassengarten« sogar noch den blassrosa Rambler 'New Dawn' am Rosenbogen zur Seite stellte.

3 | Mit Augenmaß und ohne Hilfe einer Schablone schneidet Claus Wettermann die Pflanzen und Hecken in Form. Und »mit Ehrgeiz«: Damit alle Konturen immer schön exakt bleiben, setzt er bei Liguster alle 14 Tage, bei Eiben alle drei bis vier Wochen und bei Thuja zwei bis drei Mal pro Sommer die Heckenschere an.

Vorhergehende Doppelseite:
Großes Bild: Ein Blick vom »Terrassengarten« auf den »Teichgarten«. Kunstvoll geschnittene Hecken schaffen die immergrüne Verbindung zwischen Garten und Skulpturen. Der Beginn des »Teichgartens« wird optisch definiert durch je drei niedrige Eibenhecken beiderseits des Wegs, die im Bild 2 oben rechts schon etwas dichter zusammengewachsen sind. Kleines Bild: Auf dem Rückweg vom »Kräuter- und Rosengarten« zum Haus dient eine strenge, aber pfiffig ausgebuchtete Formschnitthecke als »Leitsystem« über einen »Kreisverkehr« an der Blumensäule.

HILLE UND WOLFGANG HOPPMANN-HAUCKE, RASTEDE

Im Garten der Licht-spiele

Gartenkompositionen vierhändig

Ursprünglich sollte das weitläufige Gelände rund um den alten Hof aus dem Jahr 1900 der Selbstversorgung dienen. »Daraus ist natürlich nichts geworden,« lacht Hille Hoppmann-Haucke heute. Zum einen wegen ihrer Berufstätigkeit, zum anderen, weil sie und ihr Mann kein konkretes Konzept parat hatten. »Wir wussten wenig über Standorte und Lebensräume,« sagt die Gartenbesitzerin heute. Das hat sich grundlegend geändert: Man kommt aus dem Staunen nicht mehr heraus, denn immer wenn man denkt: »Da kann doch nicht noch was sein«, findet man hinter einem Tor, hinter einer Hecke oder um die Ecke die nächsten Gartenwunder.

2

Da wäre zum Beispiel der Waldgarten unter sehr alten Eichen, Buchen und Kiefern mit einer Sammlung von Schattenpflanzen. Sammlung ist hier wörtlich zu nehmen: Das ist Hille Hoppmann-Hauckes Ressort bei der gemeinsamen Gartengestaltung und ihre große Leidenschaft. Während der Goldschmiedemeister Wolfgang Haucke mit seinem guten Formgefühl sich um Grundrisse, um Wegeverlauf, um das Platzieren von Skulpturen – von denen er viele aus Alabaster selbst fertigt –, um »alles Grüne« und um den Formschnitt kümmert, füllt die Gärtnerin Beete und Töpfe mit ihren Pflanzen. Einige darunter haben es ihr so angetan, dass sie gleich ganze Kollektionen davon zusammenstellt. Dabei macht

1

Hille Hoppmann-Haucke nicht einmal vor dem Gemüsegarten Halt: Am Wegekreuz steht eine Teekanne auf einer Säule – als Symbol dafür, dass hier die Minzesammlung untergebracht ist. Manche Sammlungen präsentiert sie sogar auf Tischen, so wie die Naturzwerge von Ulmen, Linden und anderen Gehölzen, die zum Teil aus Hexenbesenveredlungen stammen.

Auf zwei Hektar sind natürlich viele thematisch sehr unterschiedliche Gärten möglich. So gibt es einen Rasengarten mit einer riesigen Magnolie im Zentrum und wolkenartig geschnittenem Buchs. Oder den Floragarten, der, wie der Name vermuten lässt, aus mit Buchs gefassten Beeten voller Blütenpflanzen besteht. Diese verändern, je nach Jahreszeit, ihre Farben: Blau und Rosa im Frühjahr, Blau im Frühsommer, Dunkellila, Zartrosa und Weiß im Sommer.

Das Wechselspiel von Licht und Schatten durch die großen Bäume wird bei der Planung stets berücksichtigt. Im Goldenen Garten hilft man mit gelb panaschierten Pflanzen, wie Funkien, Goldmelisse, Goldberberitze und Goldnessel, sogar noch ein bisschen nach: Aus einem schattigen Bereich betritt man diesen gerade an trüben Tagen besonders stark leuchtenden Gartenteil durch ein Mondtor. »Bei Führungen freue ich mich schon immer vorher auf die Reaktion der Leute,« schmunzelt Hille Hoppmann-Haucke.

Etwa 6000 Quadratmeter sind einem Landschaftsgarten mit besonderen Gehölzen gewidmet, zum Beispiel Bitternuss, Weiden, Erlen sowie Schlitzblättriger Buche. Dort ist das Gelände etwas modelliert, damit bei der hier vorkommenden Winterstaunässe das Wasser in einen gestalteten Wasserlauf abfließen kann. Sein Aushub bildet nun den Königshügel mit einem weißen Stuhl. So arbeiten die Hauckes immer mit der Natur, statt gegen sie. Nur beim Alpinum, da macht Hille Hoppmann-Haucke eine kleine Ausnahme. Im norddeutschen Klima gedeiht hier nicht alles auf Dauer. »Ich probiere es trotzdem immer wieder aufs Neue,« sagt die Liebhaberin der kleinen Dinge. »Dann hat man an einzelnen Pflanzen wenigstens ein paar Jahre seine Freude!«

Vorhergehende Doppelseite:
Großes Bild: Großblättrige Funkien, eine Dreiblatt-Sammlung *(Trillium)*, Lerchensporn *(Corydalis lutea)* Farne und Fingerhut sind die Bewohner des Waldgartens unter den großen Bäumen. Auf der Rasenfläche dahinter zeigt sich das von den Gartenbesitzern so geliebte Licht- und Schattenspiel. **Kleines Bild:** Noch eine andere Perspektive auf den Waldgarten, der, so gesehen, ziemlich verwunschen wirkt.

1 | Das »Goldene Tor zum Paradies« aus Goldhopfen führt in einen Gartenteil, der in den »Nebensaisonzeiten« besonders schön ist: Im Frühjahr sieht man von hier ein Tulpenband, im August gelb blühende Stauden, denen die Herbstastern folgen. Im Winter sorgen die geraden Formen der Wacholdersäulen für Struktur.

2 | Am Haus liegt »Hauckes Obstgarten«: Im Vordergrund stehen überdimensionale Buchsformschnitt-Birnen, dahinter Buchs-Äpfel mit Stiel. Bei letzteren arbeitet der Hausherr derzeit mit der Heckenschere an den dazugehörenden Blättern.

3 | Liebhaber von Kleinodien und botanischen Sammlungen werden an diesem Gartenteil ihre Freude haben: In den Terrakottakästen links wachsen Zwerg-Funkien. Rechts daneben stehen Töpfe mit Sommerblumen und ein Tischgarten mit alpinen Pflanzen. Auf dem Brunnen präsentiert sich die Dachwurz-Kollektion.

7 GARTEN–STECKBRIEF

Adresse und Öffnungszeiten:
Hille und Wolfgang Hoppmann-Haucke, Grafestraße 29, 26180 Rastede, Tel. 04402/81630, e-mail: Wolfgang.Haucke@ewetel.net. Geöffnet am letzen Wochenende im Juni und am ersten Wochenende im Juli; von Ende Mai bis Mitte Juli nach telefonischer Absprache; Eintritt: 3 Euro.

Größe:
2 Hektar.

Charakter:
Seit 26 Jahren wird der Garten mit altem Baumbestand gestaltet. Es gibt verschiedenen Räume, z. B. Landschaftsgarten, Gemüsegarten, Rasengarten, Waldgarten, Formschnitt sowie botanische Sammlungen.

3

INSA, LISA UND JOACHIM WINKLER, HUDE

Wo sich Kunst und Garten treffen

Rückzug auf die Pferdeweide

Schon der erste Garten der Winklers war ein Meisterstück. Kein Wunder: Joachim Winkler ist Landschaftsarchitekt und hat daher gelernt, mit Platz und Perspektiven, mit Plänen und mit Pflanzen umzugehen. 1973 zog die Familie dann auf ein fünf Hektar großes, von Wallhecken umgebenes Grundstück mit einem alten reetgedeckten Fachwerkhaus und einigen Gehölzen. Um das Haus herum wurde ein Bauergarten angelegt. »Dabei blieb es nicht, wie Sie sehen können,« sagt Lisa Winkler und zeigt auf eine Broschüre der Gartengalerie Klosterkielhof – dem Garten Nummer Zwei. »Zuletzt waren es acht Gartenräume.« Auf dem Papier sieht man sie noch: den Naturgarten mit Teich, den Rosengarten, die Iris-Galerie, den Hausgarten (am Haus), den Weißen Garten, den Stauden- und den Gemüsegarten sowie den weitläufigen Rhododendrongarten. Und eine längliche, rechteckige Weide. Darauf befindet sich heute der dritte Garten der Familie Winkler.

»Altersbedinge Überlegungen ließen uns 2002 Abschied nehmen,« erinnert sich Lisa Winkler. »Wir konnten die Weide von einem Hektar ausgliedern und bauten darauf ein Haus, natürlich im Fachwerkstil.« Darum herum entstand ein neuer Garten – mit neuen Ideen. »Es war unser Wunsch, einen Senkgarten mit südländischem Flair zu schaffen,« erläutert Lisa Winkler. So wurde der Bereich vor der Breitseite des Hauses tiefer gelegt und mit Anröchter Dolomit gefasst. Vier Stufen führen auf eine Kiesfläche, in deren Mitte ein kleiner Keramikbrunnen plätschert. Als Gerüstpflanzen für die mediterrane Stimmung wählte Joachim Winkler graulaubige Gehölze wie Schmalblättrige Ölweide *(Elaeagnus angustifolia)* und Weiden-Birne *(Pyrus salicifolia)*. Außerdem verschiedene Magnolien, Berg-Kirsche *(Prunus sargentii)*, Perückenstrauch, Roseneibisch, Kleinblütige Tamariske, Schmalblättrigen Sommerflieder und Judasbaum. Gräser und Strauchrosen runden das Bild ab. Auf den Trockenmauerbeeten blühen Schwertlilien, Lavendel, Ziersalbei, Kniphofien, Türkischer Mohn, *Agapanthus*-Hybriden, Frauenmantel und Rote Spornblume. Überall im Senkgarten verstärken Kübelpflanzen, wie *Citrus*-Arten, Feige, Olive, Rosmarin, Oleander, *Solanum* und Lorbeer, die Mittelmeer-Atmosphäre.

Andere Gestaltungselemente jedoch haben den Umzug der Winklers auf die ehemalige Pferdeweide mitgemacht, wenn auch in veränderter Form. Dazu gehört der 400 Quadratmeter messende Weiße Garten, der noch Eibenfiguren und Skulpturen verschiedener Künstler enthält. Neu dagegen ist das Wiesenparterre am Rande des 3000 Quadratmeter messenden und großzügig wirkenden Landschaftsgartens. Zwei längliche Erhebungen hat Joachim Winkler darin integriert und somit das Gelände etwas lebendiger gestaltet. 90 verschiedene Gehölze, darunter Linden, Buchen, Eichen, Ahorn, Kastanien, einige Säulen-Eiben und Obstgehölze

1

2

bestimmen den Rahmen. Auf dem Rundgang durch den Landschaftsgarten kommt man zum Rhododendronweg, der zumindest eine Erinnerung an den einstigen Rhododendrongarten ist, der fast so groß war, wie der ganze neue Garten zusammengenommen. Am hinteren Ende des Landschaftsgartens liegt der neue Teich vor einem Pavillon. Der wiederum dient nicht, wie üblich, den Mußestunden, sondern als Bildhauerwerkstatt. Hier – und im Galeriegebäude in der Nähe des Wohnhauses – arbeitet die Künstlerin Insa Winkler, die Tochter. Ihre Tätigkeit bestimmt den Charakter des Gartens entscheidend mit, denn hier gehen Skulpturen und Natur eine Symbiose ein. Wer den Garten besucht, findet die Werke von Insa Winkler und anderen Künstlern überall. Diese drängen sich jedoch nicht in den Vordergrund, sondern fügen sich, wie dort gewachsen, in das Gartenbild ein. Immer wieder anders, denn im Landschaftsgarten wechseln die Ausstellungsstücke von Zeit zu Zeit. »Der Garten ist unsere berufliche und unsere private Lebensfreude,« sagt Lisa Winkler, und der eigentlich noch junge Garten erzählt eindrucksvoll von dieser langen Familiengeschichte.

1 | Gartengestalter ohne Berührungsängste: Der Landschaftsarchitekt Joachim Winkler sieht seinen Garten gerne auch als grünes Kunst-Atelier. Das Tor zum Landschaftsgarten wurde eigens dafür von Insa Winkler aus Stahl geschmiedet.

2 | Blüten in gedecktem Rot, Gelbgrün, Blau, Rosa und hellem Violett geben im Senkgarten den Ton an. An zentraler Stelle integriert sich ein kleiner Keramikbrunnen in die abwechslungsreiche Bepflanzung aus Stauden.

3 | Das Gewächshaus im Senkgarten dient als Winterquartier für die vielen mediterranen Kübelpflanzen. Dahinter wird dieser 400 Quadratmeter große Gartenteil durch eine Klinkermauer eingefasst, die gleichzeitig den im Anschluss daran liegenden Weißen Garten formal an die Gestaltung anbindet.

Vorhergehende Doppelseite:
Großes Bild: Die Rote Spornblume der Sorte 'Coccineus' säumt den Weg im Senkgarten. Durch das Tieferlegen entsteht in diesem Gartenraum ein geschütztes Kleinklima und eine intime, südländische Atmosphäre, die die Winklers genießen.
Kleines Bild: »Der Philosoph« heißt diese Skulptur des bekannten schwedischen Bildhauers Richard Brixel. Sie stand zusammen mit anderen Werken in einer Ausstellung im Garten der Winklers und bereichert ihn seitdem als Leihgabe.

8 GARTEN–STECKBRIEF

Adresse und Öffnungszeiten:
Studio Kunst und Landschaft, Insa, Lisa und Joachim Winkler, Am Klosterkiel 53, 27798 Hude, Tel. 04484/673, e-mail: L.J.Winkler@t-online.de. Der Garten gehört zur »Route der Gartenkultur«. Besuch in Gruppen nach telefonischer Absprache möglich.

Größe:
7000 Quadratmeter.

Charakter:
Der dreieinhalb Jahre alte Garten umfasst einen Senkgarten, einen Weißen Garten, einen großen Landschaftsgarten, ein Wiesenparterre und einen Teich. Wechselnde Skulpturenausstellungen.

INGRID UND HINRICH DE WITT, BAD ZWISCHENAHN

Wo die Wege nie zu Ende gehen

Ausgangspunkt am großen Teich

»In unserem Garten können Sie immer weitergehen,« lädt Ingrid de Witt zum Rundgang ein. »Die Achsen und Wege führen stets in einen weiteren Teil.« Ausprobieren sei wärmstens empfohlen, doch eine gewisse Entscheidungsfreude muss man schon mitbringen: Hier und da gibt es mehrere Möglichkeiten, die Erkundung fortzusetzen. Doch ganz gleich, wie man sich entscheidet: Es geht tatsächlich immer weiter, und so fällt die Besuchertour, je nachdem, wie man sich gerade treiben lässt, unterschiedlich aus.

Probieren wir es und beginnen dabei an der nach Süden gelegenen Terrasse des Wohnhauses. Von dort hat man einen beeindruckenden Blick auf eine etwa 500 Quadratmeter große Wasserfläche. Seerosen können sich hier nach Belieben ausbreiten. Sie sind, wie fast alle Ufergewächse, inklusive der drei Mammutblatt-Pflanzen *(Gunnera)*, 1988 aus dem vorherigen Garten mit den de Witts hierher gezogen. Es war Herbst, und kein Teich in Sicht. »Die Seerosen lagen über den Winter auf dem Rasen,« erinnert sich Ingrid de Witt. »Wir haben dick Stroh darauf gepackt.« Die Wasserpflanzen überlebten tatsächlich. Im Frühjahr kam der Bagger und hob aus dem Lehmboden »ein Loch« aus. Die Seerosen hatten nun ein neues Zuhause und werden heute regelmäßig von Enten besucht. Goldfische und Kois fühlen sich hier normalerweise ebenfalls wohl, doch wenn einer davon nicht aufpasst, dient er dem Reiher – unter Protest der Gartenbesitzer – als Frühstück.

Der Aushub des Teiches liegt in Form eines Walls um die Seiten und den hinteren Rand der Wasserfläche herum. Darauf blüht es wiesenähnlich mit Mohn, Lupinen, Margeriten und vielen anderen naturnahen Pflanzen. Am rechten Ende des Teiches lockt ein Pavillon den Besucher, sich auf Entdeckungstour zu begeben. Also geht es los, und dort angekommen, genießt man den Blick zurück. Vor allem im Juni empfiehlt es sich, wenige Meter zurückzugehen und den Weg, der kurz vor dem Pavillon in den Waldgarten führt, zu nehmen: Neben vielen Gehölzen sowie Funkien sind hier Azaleen, Kamelien und Rhododendren zu bewundern, denn die gedeihen auf dem in dieser Gegend sauren Boden wunderbar. Am Ende des Waldweges tut sich rechts das Arboretum auf, wir folgen aber ein Stück weiter dem Wall, um den Teich noch von einer anderen Perspektive aus erleben zu können. Einige Meter weiter gehen nach rechts Stufen hinab, und dahinter ist die Atmosphäre so anders, dass die Entscheidung, abzubiegen, leicht fällt. Aus dem eher naturähnlichen Teichgarten betritt man ein abgezirkeltes Rondell aus vier symmetrischen Beeten. In der Mitte eines Rasenplatzes steht ein Blauregen-Hochstamm, den Ingrid de Witt bereits vor langer Zeit »an einem Faden« zum Bäumchen hochgeleitet und dann mit in diesen Garten umgezogen hat. Um den Platz sind die vier Beete mit abgerundeten Buchskegeln eingefasst. »Vor 20 Jahren waren das noch Stecklinge,« sagt Ingrid de Witt. »Ich habe Apfelkisten mit Zeitungspapier ausgelegt, erst Torf und dann Erde eingefüllt. In die Erde kamen schräg die Stecklinge, die nach zwei Jahren bewurzelt hatten und mit uns hierher ziehen konnten.«

1

Jetzt wird es schwierig: Welchen Ausgang aus dem Rondell soll man nehmen? Geradeaus, wo nach einigen Metern ein paar Stufen auf eine kleine Anhöhe führt? Oder nach links, wo etwa 35 Meter lang Rosenbogen auf Rosenbogen folgt – in die Rosenachse, die am barocken Rosengarten endet? Nun, sparen wir uns diesen Höhepunkt für später auf und geht erst einmal geradeaus weiter. Bevor man zu den Stufen gelangt, tun sich rechts und links weite Räume auf: Das andere Ende des bereits vom Waldgarten aus entdeckten Arboretums und, zur Linken, der Parkgarten. »Als wir auf den Hof kamen, wurde alles bis auf den Teichgarten und die Imkerei Pferdeweide,« erläutert Ingrid de Witt. »Je weniger die Pferde wurden, desto mehr verwandelten wir sie in Garten.« Hinter dem Rondell befand sich vor einiger Zeit sozusagen die Restpferdeweide. Aber von der barocken Anlage auf eine Weide zu schauen, das gefiel der Gärtnerin nicht. Also griff sie eine Anregung aus Highgrove auf, dem Garten von Prince Charles, der ein Arboretum besitzt, und pflanzte ihrerseits besondere Gehölze wie eine Paulownie und, wo es ein bisschen feuchter ist, Sumpfzypressen. Auch im Parkgarten grasten einst die Pferde. Heute genießen die de Witts hier den zwischen zwei streng formalen Achsen entstandenen, mit einem Thymianbeet und Rhododendren geschmückten Raum.

2

1 | Die Idee, einen Roten Garten anzulegen, brachten die de Witts aus England mit, wo sie die berühmten Red Borders von Hidcote Manor gesehen hatten. Ihre Interpretion davon zeigt sich in vier symmetrisch angeordneten und bepflanzten Beeten.

2 | Ein Blick in den Weißen Garten, der von sonnig bis schattig alle Standortbedingungen zu bieten hat. Im von der Sonne verwöhnten Teil zeigt sich die Alte Rose 'Seagull' im Juni/Juli mit ihren fruchtig duftenden Blüten von ihrer schönsten Seite.

3 | An der Südseite des zwischen einer alten Linde (links) mit Rundbank sowie Ulmen und Buchen stehenden Wohnhauses liegt der etwa 500 Quadratmeter messende Naturteich. In der Nähe seines Ufers wächst ein selbst gezogenes Blauregen-Bäumchen, dessen Blüten in guten Jahren bis zum Rasen herunterhängen.

Vorhergehende Doppelseite:
Großes Bild: Zwischen kunstvoll geformten und nach barockem Grundriss angeordneten Buchseinfassungen aus Ingrid de Witts eigener An- und Aufzucht blühen im Juni Rosen aller Wuchsformen und Farben. Kleines Bild: Gefühlvolle Impression aus dem Weißen Garten, wo mehrere Exemplare der aus Stecklingen gezogenen Hortensie 'Annabelle' Licht in eine schattige Ecke mit Funkien bringt.

3

1

2

Barocke Formen und Rosenblüten

Hinter den Stufen tut sich links parallel zur Rosenachse eine weitere Blickachse entlang des hinteren Endes des Parkgartens auf. Wer ihr folgt, gelangt in einen anderen Gartenraum mit einem schwierigen Thema, das ebenfalls durch ein berühmtes, englisches Vorbild inspiriert wurde: Der Rote Garten der de Witts besteht, im Gegensatz zu den beiden langen Red Borders von Hidcote Manor, aus vier symmetrisch angelegten und symmetrisch bepflanzten Beeten. Diese sind, der Farbvorgabe entsprechend, mal nicht mit Buchs, sondern mit einer niedrigen Hecke aus Spiersträuchern eingefasst und enthalten viele purpurlaubige Arten sowie Pflanzen mit roten Blüten, z. B. Rosen und die Clematis 'Princess Diana', eine karminfarbene Sorte aus der Texensis-Gruppe. Hinter dem Roten folgt der Weiße Garten mit seinem halb kleinteiligen, halb großzügigen symmetrischen Grundriss. Die immergrünen Formschnittstrukturen machen den Gartenbesitzern auch im Winter Freude. In den schattigeren Ecken sorgt die Hortensie 'Annabelle' für Licht. Davon hat Ingrid de Witt schon so viele Exemplare aus Steckhölzern gezogen, dass sie diese gar nicht mehr zählen kann.

Hinter dem Weißen Garten steht das Gewächshaus. Wer im Winter zur Zeit der Kamelienblüte vorbeikommt, kann die de Witts hier beim Teetrinken antreffen. Wenn sie nicht doch gerade dabei sind, Herbstlaub zu sammeln oder ein Mammutblatt mit Frostschutz zu versehen – es gibt eben immer etwas zu tun, auch in der kalten Jahreszeit. Vom Gewächshaus gelangt man über den am Weißen Garten vorbei führenden Zwetschengang in den großen Rosengarten. Der ist schon länger da, als seine soeben besichtigten Nachbarn. »Ich hatte einen Barockgarten im Hinterkopf,« sagt Ingrid de Witt. Der Ehemann brachte ihre Vorgabe sauber zu Papier. Dann wurden an Ort und Stelle ausgemessen und Bänder gezogen, um die Beet- und Gartenkonturen gerade aufpflanzen zu können. Irgendwie steckte man dabei etwas mehr ab, als die Gärtnerin ursprünglich geplant hatte. Sie ist jedoch von dem Typ Mensch, der aus einer Situation heraus in Sekundenschnelle entscheiden kann, was wie gemacht werden soll. In diesem Fall blieb der Grundriss des Rosengartens mit den zwölf Beeten wie geplant, doch aus dem extra abgesteckten Stück entstand zusätzlich die Rosenachse. Unter zehn Rosenbögen hindurch folgt man ihr nun zum Rondell. Oder man geht zwischen alten Gehölzen zurück in den Teichgarten. Eigentlich kann man sogar noch einmal von vorn anfangen und trotzdem andere Eindrücke bekommen. Geht man nicht auf die Terrasse, sondern gegenüber der Einfahrt zwischen zwei Gebäuden hindurch, hört man es summen: Dort ist der Bienengarten von Hinrich de Witt. Hinter dem Wall entlang gelangt man ins Arboretum, das man auf dieser Runde ausgiebig besichtigt, ebenso den Parkgarten. Und selbst das waren längst noch nicht alle Wege, die in diesem Garten immer weiterführen!

3

4

1 | Ein Detail aus dem von hohen Hecken eingefassten, großen Rosengarten. Geradeaus gelangt man von hier zum Wohnhaus, links geht es in die Rosenachse, ...

2 | ... die hier von links in das Rondell mündet. Dort hat Ingrid de Witt vor 20 Jahren kleine Buchszöglinge gepflanzt, die heute zu beachtlicher Größe herangewachsen sind. Ihre Form wiederholt die der Eibenkegel in den vier Beeten rund um das Rondell. Hinter dem Blauregen-Bäumchen führen Stufen auf eine kleine Anhöhe.

3 | Seit über 70 Jahren arbeitet Hinrich de Witt mit seinen Bienen. 20 bis 25 Völker stehen derzeit im Bienengarten und freuen sich im Frühling über die großen Salweiden auf dem Grundstück, die ihnen den ersten Pollen und Honig bieten.

4 | Alles aus eigener Anzucht: Buchs bewurzelt Ingrid de Witt direkt im Garten. Für Kamelien und andere gibt es dafür das »Baby-Bett«, auch »Brutkasten« genannt.

9 GARTEN–STECKBRIEF

Adresse und Öffnungszeiten:
Ingrid und Hinrich de Witt, Jörn-Eilert-Weg 3, 26160 Bad Zwischenahn, Tel. 04403/4009. Besuch von Mitte Mai bis Ende Juni nach telefonischer Absprache in Gruppen. Preis nach Vereinbarung.

Größe:
Keine Angabe.

Charakter:
Ein seit 1988 nach und nach gestalteter Garten mit einem Naturteich, barockem Rosengarten mit zusätzlicher Achse und Rondell, formalem Roten und Weißen Garten sowie einem Parkgarten und Arboretum.

Hauptsache Wasser – in allen Variationen

RENATE UND KLAUS MEINHARD, OSTRHAUDERFEHN

Mit Gartenplan vom Spezialisten

»Ein Wassergarten war schon immer mein Wunsch,« sagt Renate Meinhard. 1992, nach einer Erbschaft, konnte sie ihn sich erfüllen: Sie engagierte den Gartenarchitekten Henk Weijers, einen der bekanntesten Wassergartenspezialisten aus den Niederlanden, von dem sie in einer Zeitschrift ein Gestaltungsbeispiel gesehen hatte. Und – eins, zwei, drei – verwandelte sich das Grundstück zu seinem Großteil in eine erstaunliche Wasserlandschaft.

Die hat alles zu bieten, was man mit Wasser im Garten überhaupt anstellen kann. Zwei naturnah gestaltete Teiche, ein großer und ein mittelgroßer, sind vom Wohnzimmer aus zu sehen. Ein Holzsteg trennt die zwei Wasserflächen und dient gleichzeitig als Sichtachse zum hinteren Teil des Gartens. Außerdem verlockt der Steg dazu, auf Entdeckungstour zu gehen, denn der Gestalter legte bei der Planung großen Wert darauf, Räume zu bilden. So überblickt man nicht alles auf einmal und muss sich den Garten »erwandern«.

Dabei kann man sich auf Überraschungen gefasst machen. Sobald man auf dem Steg den mittleren Teich passiert, rückt der dahinterliegende, formal gehaltene Schwimmteich ins Blickfeld. Dabei hat man das Gefühl, dass die Teiche alle direkt ineinander übergehen und man somit quasi über das Wasser läuft. Tatsächlich ist jedoch jeder Teich für sich angelegt. »Ursprünglich wollte ich einen echten Naturteich mit Uferpflanzen zum Schwimmen,« erinnert sich Renate Meinhard. Doch um die Wasserreinigung zu erleichtern, bekam der 1,60 Meter tiefe Schwimmteich eine Filteranlage. Zusätzlich wird das Wasser gechlort. Wände und Boden sind ganz eben, und so können die Meinhards Laub und andere Verschmutzungen leicht mit einem Kescher entfernen. Die Folie ließ Henk Weijers äußerst geschickt durch eine Holzleiste verbergen, die die Seitenwände am oberen Rand abschließen. An einem »Ufer« baute er eine Mulde ein, die mit Rohrkolben und Binsen bewachsen ist. Die kommen mit dem Chlor gut zurecht und vermitteln zudem immer noch ein wenig den Eindruck eines natürlichen Teichs.

1

2

Das hintere Ende des großen Teichs offenbart eine weitere Attraktion: Über vier Meter Länge fließt hier ein Bachlauf zwischen größeren und kleineren Kieseln hindurch. Der Aushub aller Teiche machte es möglich, das Gelände etwas zu erhöhen und somit ein Gefälle zu schaffen. Also endet der Bach in einem etwa 50 Zentimeter hohen Wasserfall, der in schmalen Bändern und Fäden in den kleinsten der Teiche läuft. »So wie im Schwarzwald,« sagt Renate Meinhard und freut sich, dass sie auf diese Weise eine Erinnerung an ihre Heimat nach Ostfriesland holen konnte.

Ach ja: Blumenbeete gibt es in diesem Wassergarten auch! Während am Wasser typische Ufergewächse, wie Hechtkraut, Blumenbinse und Gräser, das Bild beherrschen, geben zwischen den Teichen, an der Terrasse und am hinteren Ende des Grundstücks Blütenpflanzen vorzugsweise in Blau, Weiß, Rosa und Pink den Ton an, wie Katzenminze, Buschmalven, Bergenien und Rittersporn. Das Frühjahr kommt mit Christ- und Lenzrosen, mit Tulpen, Narzissen und mit Funkien, die später das vergilbende Laub der Zwiebelblumen überwachsen. Den Herbst verschönert Renate Meinhard mit Fetthenne, Herbst-Anemonen und, natürlich, mit Gräsern wie Zebragras *(Miscanthus sinensis* 'Zebrinus') und Lampenputzergras *(Pennisetum)*. Am rechten Gartenrand führt ein Weg durch einige Schatten spendende Bäume – das »Waldeckchen«.

Vorhergehende Doppelseite:
Großes Bild: Ein Blick über den mittleren der drei naturnah angelegten Teiche. Er ist gesäumt von Hechtkraut, Blumenbinse, Iris und Binsen. Als Wasserbewohner wählten die Meinhards Goldorfen aus, weil diese nicht so gründeln. Von selbst stellen sich Libellen, Fischreiher, Kröten, Frösche und Vögel ein. **Kleines Bild links:** Der Blick über den mittelgroßen Teich zurück zum Haus zeigt, dass man die Wasserlandschaft nicht auf einmal übersehen kann. **Kleines Bild rechts:** Am hinteren Gartenende verlaufen die langen Staudenrabatten beiderseits des Weges.

1 | Ein bisschen Schwarzwald in Ostfriesland: Vom großen Teich zweigt ein langsam fließender Bachlauf ab. Im Vordergrund fließt er über Schieferplatten in mehreren Bändern als sanfter Wasserfall in einen kleinen Teich. Dort sitzen die Meinhards gern und genießen den regen »Badeverkehr« der gefiederten Gartengäste im Bach.

2 | Verträumtes Idyll: Das Ufer des kleinsten Teichs ist dicht mit Uferpflanzen bewachsen. Hohe Gehölze fassen den Garten zu seiner linken Seite ein.

3 | »Der Schwimmteich ist eine Bereicherung des Gartens, die ich nur empfehlen kann,« sagt Renate Meinhard. Er bietet Abkühlung bei Hitze und die Abhärtung des Immunsystems: Bis zehn Grad Wassertemperatur nutzt sie ihn täglich.

10 GARTEN–STECKBRIEF

Adresse und Öffnungszeiten:
Renate und Klaus Meinhard, Brahmsstraße 12, 26842 Ostrhauderfehn, Tel. 04952/942100. Besuch nach telefonischer Absprache. Der Garten ist zur Hechtkraut-Blüte (Ende Juli bis Mitte August) am attraktivsten.

Größe:
Grundstück 1800 Quadratmeter, davon Garten ca. 1000 Quadratmeter.

Charakter:
In der Hauptsache ein 1992 angelegter Wassergarten mit drei naturnah angelegten Teichen, einem Schwimmteich und einem Bachlauf mit Wasserfall in einen kleinen Teich. Viele Wasser- und Uferpflanzen, einige Gehölze für Struktur und Schatten sowie mehrere Staudenbeete.

3

KARL UND MARIA ARTMEYER, HÖRSTEL-RIESENBECK

Schnitt für Schnitt in Form gebracht

Altes im neuen Zusammenhang

Mit Gehölzen steht Karl Artmeyer schon von Berufs wegen auf Du und Du. Bis zu seiner Pensionierung war er für Verkauf und Beratung in der Baumschule Artmeyer zuständig. Sein eigener Garten diente dabei mehr und mehr als Anschauungsobjekt für Kunden, die durch einen Besuch eine Vorstellung von den Pflanzen und den Möglichkeiten der Gestaltung bekommen sollten. Das ist allerdings nur ein Teil der Geschichte, denn der Mann hat zwei Leidenschaften, ohne die der Garten vielleicht eher aussähe wie eine gehölzbotanische Sammlung. Zum einen ist er ein Bewahrer alter Baustoffe. Über Jahre hinweg rettete er Sandsteine aus dem Teutoburger Wald, wenn daraus bestehende Höfe in seiner Umgebung abgerissen wurden. Er trug alte Feldsteine zusammen, ebenso Kieselfindlinge, die Bauern beim Pflügen ihrer Äcker in den Weg kamen. Für gebrauchte Ziegel und ausgemusterte Sandsteinabdrücke aus Kirchen war Karl Artmeyer stets dankbarer Abnehmer. Auf dieser Basis nahm die Gestaltung erste Formen an: Der Gehölz-Profi baute mit seinen alten Steinen Wege, die durch den Garten führen. Inklusive einer Brücke, worauf ein Teich folgte, damit die Brücke auch einen praktischen Sinn hat. Mauern wurden gezogen und ein Innenhof gestaltet, wo jetzt die Kopie eines Bildstocks steht, den ein Vorfahre der Familie einmal angefertigt hatte. Im Zusammenhang mit der Mauer entstand ein Brunnen, aus dem das Wasser quer über den Pflasterweg in einen Bachlauf fließt, der wiederum im Teich endet. Dieser verläuft unter der Brücke hindurch in einer L-Form zur anderen Seite des Gartens.

Karl Artmeyers zweite Leidenschaft ist der kreative Umgang mit der Heckenschere. So entstand innerhalb der Mauern ein spielerischer Formschnittgarten aus Buchs, der das immergrüne Grundgerüst des Gartens bildet. Nicht, dass Stauden und Zwiebelblumen hier keinen Platz hätten: Am Brunnen wachsen Christrosen. Auf der Rasenfläche außerhalb des ummauerten Gartens kommt der Frühling mit Schneeglöckchen und Narzissen. In den Beeten sorgen im Sommer Rittersporn, Eisenhut, Phlox und Fetthenne für Farbe. Die Gehölze jedoch sind bei Artmeyers klar in der Überzahl.

Auf einem Hügel, der in der flachen Landschaft nahe der niederländischen Grenze ungewohnte Perspektiven bietet, wird dem Besucher leicht japanisch zumute. Hier stehen Kiefern, die zum Teil auch mit der Heckenschere zu bizzaren Großbonsai zurechtgeschnitten werden. Fünf Sorten Magnolien feiern den Frühling, zusammen mit rot und weiß blühenden Hochstamm-Zierquitten. Letztere hat Karl Artmeyer selbst auf *Sorbus*-Unterlagen veredelt. Seine Idee: »Die Japanischen Zierquitten sollten weniger Wurzelausläufer bilden.« So, wie es aussieht, ist der Plan gelungen. Zwischen den Magnolien leuchtet das goldgelbe Laub der Robinie 'Frisia' hervor. Von den Hortensien pflanzte Karl Artmeyer »alle frühen und späten Sorten«, und vom Roseneibisch auch gleich 14 Exemplare. Historische Rosen haben es dem Baumschulisten ebenso angetan, und deswegen gibt es hier und da ganze Flächen mit seinen Sammlungen der nostalgischen Sorten.

Bei dem Faible für Gehölze ist klar, dass dieser Garten im Herbst eine seiner schönsten Seiten zeigt. So wartet der Grüne Schlitz-Ahorn mit einer goldgelben, rötlich getupften Laubfärbung auf. Der Schlitz-Ahorn 'Garnet' prangt dagegen in Orangerot. Vom Torbogen hangeln sich karmin- bis scharlachrot belaubte Triebe der Jungfernrebe 'Engelmannii' herunter. Gelb bis rot kommt der Federbuschstrauch daher, und in Karmin schmückt sich der Korkflügelstrauch, dessen korkige Leisten an den Zweigen dem Auge auch im Winter etwas zu bieten haben. Im Mittelpunkt jedoch steht, jahraus, jahrein, der Formschnittgarten. Seine Konturen werden von Hand gepflegt. Erstens sieht das Ergebnis schöner aus als nach dem Schnitt mit einer elektrisch betriebenen Heckenschere. Und zweitens macht das Schnippeln diesem Gärtner einfach Spaß.

3

1 | Karl Artmeyer schwört bei der Formierung aller seiner klassischen Buchsfiguren und der Heckeneinfassungen auf eine alte Handheckenschere. »So einen guten Stahl gibt's heute gar nicht mehr,« findet er. Dementsprechend sorgfältig wird die Schere vor dem Beginn der Schnittsaison im Mai/Juni geschärft und geölt.

2 | Auf einem selbst angelegten Hügel stellte der Gehölzliebhaber unter anderem Elemente aus japanischen Gärten zusammen. Bizarr geformte und flach wachsende Kiefern bestimmten hier das Bild neben Hortensien, Roseneibisch und Alten Rosen.

3 | Der Formschnittgarten vom Haus aus gesehen – vor etwa zehn Jahren. Zu dieser Zeit bot er einen noch frischen, aber schon geschlossenen Eindruck. Ein Brunnen (vorne rechts) speist den Bach, der über den Weg aus alten Feldsteinen in den Teich fließt. Der umschließt den Garten in L-Form und kommt links wieder ins Bild.

Vorhergehende Doppelseite:

Großes Bild: Der Formschnittgarten im aktuellen Gesicht. Im Vergleich zum Foto auf Seite 59 oben haben Hecken und Figuren gut an Dichte zugelegt.

Kleines Bild: Den Vorgarten ziert ein Hochbeet mit einem Knotengeflecht. Das keltisch wirkende Muster entsteht aus den Buchs-Sorten 'Blauer Heinz' und 'Suffruticosa'.

11 GARTEN–STECKBRIEF

Adresse und Öffnungszeiten:

Karl und Maria Artmeyer, Vinnhagen 6, 48477 Hörstel-Riesenbeck; Tel. 05454/7593. Ein Besuch des Gartens ist nach telefonischer Absprache möglich.

Größe:

Ca. 2 000 Quadratmeter.

Charakter:

Ein Buchsformschnittgarten, dessen Gestaltung vor ungefähr 30 Jahren begann. Sein Charakter wird mitgeprägt durch Wege und Mauern aus alten Steinen und einem Bachlauf, der in einen Teich mündet. Abwechslungsreicher Bestand aus älteren und jüngeren Gehölzarten.

GABY UND STEPHAN CHRISTENSEN,
LÜDINGHAUSEN

Über die Ecke zum eigenen Stil

Neue Wege durch die Diagonale

Donja brachte Gaby Christensen auf die entscheidende Idee zur Umgestaltung des alten Bauerngartens. Der Hund der Familie scherte sich nicht um den offiziellen Eingang in der Mitte der Hainbuchenhecke, sondern nahm lieber den kürzesten Weg vom Haus dorthin, wo das Gemüse wächst: Ab durch die Ecke, und die drei Kinder hinter ihm her. Das hatte Konsequenzen.

Den Bauerngarten gab es schon, als die Christensens 1989 auf das etwa 2 000 Quadratmeter große Grundstück zogen. Er war »etwas heruntergekommen«, und zwei Seiten der ihn umgebenden Hainbuchenhecke fehlten. Auf einem Plan der gelernten Gärtnerin und studierten Gartenarchitektin ist der traditionelle Grundriss noch zu sehen: Ein Mittelweg und zwei Querwege teilten den Gartenbereich in sechs etwa gleich große, buchsgefasste Kompartimente. »In dieser Form haben wir den Gemüsegarten wieder hergerichtet und genutzt,« sagt Gaby Christensen.

Bis vor vier Jahren. »Der vorgesehene Eingang wurde praktisch nie genutzt,« erklärt die Haus- und Gartenherrin. Statt dessen vergrößerte sich die Lücke in der Heckenecke unter der Birke zusehends. Die Lösung war einfach, aber ungewöhnlich: Die Christensens zogen eine Diagonale als Weg quer durch den Bauerngarten und setzten mittig im rechten Winkel dazu eine etwas breitere. Darauf hat nun, im Schutz einer Eibenhecke, die vorher hier vermisste Sitzgruppe ihren Platz. Rechts und links dieser Achsen gibt es vier eigenwillig geformte Beete. »Im Zuge der Umgestaltung haben wir überlegt, den Gemüseanbau aufzugeben,« so die Gestalterin, »aber die Kinder waren vehement dagegen.« Also gibt es weiterhin alles frisch, von Erbsen über Bohnen, Radieschen, Salat, Wirsing, Zwiebeln, Mangold, Stielmus bis hin zu Tomaten, Zucchini, Auberginen, Kartoffeln und Erdbeeren. Und Grünspargel, für den gleich ein ganzes Beet reserviert ist. »Das ist im Sommer ein ganz üppiges Bild,« freut sich Gaby Christensen. »Im Herbst färben sich die Pflanzen goldgelb und tragen rote Beeren.«

Jenseits des Bauerngartens gibt es noch mehr zu genießen. Zwischen Wohnhaus und ehemaligem Stall wurde der Hof gepflastert. Hier, um den »Hauptfrühstücksplatz«, ist die Stimmung mit einer Sammlung von Kübelpflanzen, wie Kamelie, Oliven, Oleander und interessanten Schmuckblattgewächsen, eher mediterran. Daran schließt sich der ruhige und schattige Rasen- und Heckengarten mit einem formalen Wasserbecken an. Die frühere Obstwiese ist auch heute noch eine, allerdings ebenso von der etwas anderen Art: Zwischen Birnen, Äpfeln und Kirschen windet sich ein gemähter Rundweg durch höheres Gras. »Hier einen Kunstpfad mit Fundstücken zu schaffen, ist mein Traum,« sagt Gaby Christensen. Der eigentlich schon ziemlich wahr ist: Sieben Hölzer, auf denen ein Steinmetz sichtbar sein Material geschnitten hat, hängen von einem Baum. Man begegnet dem Stahlträger aus einem abgebrannten Hof, ganz verbogen von der enormen Hitze. Oder dem Reststück einer großen Stahlplatte, aus dem Formen ausgestanzt sind. Und wer jetzt noch einen Blick hinter den Stall riskiert, findet den Beweis, dass die Kinder der Familie Christensen – wie ihre Mutter – von den Eltern die Lust aufs Gärtnern geerbt haben: Hier pflegt Philipp, der Jüngste, sein eigenes Beet mit einer roten Rose.

1

12 GARTEN–STECKBRIEF

Adresse und Öffnungszeiten:
Gaby und Stephan Christensen, Leversum 6, 59348 Lüdinghausen, Tel. 02591/989899. Teilnahmer bei »Gärten in Westfalen öffnen ihre Pforten« (www.w-rusch.de/offene-gaerten.htm). Besuch auch nach Absprache.

Größe:
2 000 Quadratmeter einschließlich Obstwiese.

Charakter:
Renovierter Bauernhof mit mehreren Gartenräumen, darunter ein modern interpretierter Bauerngarten, ein Rasen- und Heckengarten, ein Hofgarten sowie eine Obstwiese mit Skulpturen und Objekten.

1 | Obwohl Gaby Christensen Gartentätigkeiten an sich schon als wohltuend meditativ empfindet, ist es ihr wichtig, Ruhepunkte zu schaffen, wo man sein Reich auch einfach »nur« genießen kann. Im Kontrast zum farbigen Bauerngarten gestaltete sie den Rasengarten deshalb eher ruhig in unterschiedlichen Grüntönen.

2 | Durch die Hainbucheneinfassung liegt der Bauerngarten etwas geschützter. Daher nutzen die Christensens diesen Sitzplatz am liebsten im Frühjahr und Herbst, wenn es im Rasen- und Hofgarten etwas zu zugig dafür ist.

3 | Ein Blick durch den alten Eingang in den Bauerngarten hinüber zum neuen, der durch den mit dem Rambler 'Paul's Himalayan Musk' berankten Bogen betont wird. In den buchsgefassten Beeten wachsen neben Gemüse 100 verschiedene Stauden.

Vorhergehende Doppelseite:
Großes Bild: Mit der Umgestaltung bekam der Gartenraum einen neuen Weg, der einmal rundherum am Rand entlang verläuft. Aus praktischen Gründen: Wenn in einer großen Familienaktion die 300 laufenden Heckenmeter geschnitten werden, fallen die Zweige nicht mehr in die Gemüsebeete und können leichter aufgehoben werden. Kleines Bild: Der Stauden-Phlox wächst hier stets in ganzen Gruppen.

MARLIES TUBES, BOTTROP/KIRCHHELLEN

Immer grün und immer anders

Im Garten der vielen Geschichten

Eines Tages entschloss sich Marlies Tubes zur Teilnahme an einem Gartenwettbewerb. Zur großen Überraschung ihrer Freunde: Ihr Grundstück strotzt nicht gerade vor Staudenvielfalt und Blütenpracht und erschien manchen daher nicht gerade als das Schönheitsideal für einen Garten. Den Juroren der Zeitschrift »Schöner Wohnen« jedoch war er tatsächlich einen dritten Platz wert.

Völlig zu Recht: Der kleine Garten von Marlies Tubes präsentiert sich als gekonnt komponiertes Lehrstück in Immergrün, das rund ums Jahr »vorzeigbar« ist. »Natürlich geht es im Garten um Pflanzen,« sagt Marlies Tubes, »aber mir war schon immer die Gestaltung wichtiger.« Also legte sie einen rechteckigen, perfekt gepflegten Rasen an (zweimal wöchentlich mähen, gute Dünger verwenden!), der dem Grundstück großzügige Weite verleiht. Seine Form wiederholt sich in einem buchsgefassten Beet mit Rosenhochstämmchen im Terrassenpflaster und zwei weiteren vor dem Wohnzimmerfenster. Rund um den Rasenrand strotzen, dicht gepackt, Gehölze in (Immer)Grün: Buchskugeln und Rhododendren, Efeuranken, einige laubwechselnde Arten wie Buche, dazu Hortensien in Blau- bis Lilatönen, hier und da Blütensträucher, wenige Stauden sowie Rosen, zum Beispiel 'Mme Alfred Carriere'.

Soweit so ruhig. Wohltuend ruhig. Aber alles andere als langweilig und einschläfernd. Der Garten ist inspirierend beseelt von unzähligen Geschichten, die er jedem offenbart, der sie sehen (und hören) will. Etwas Derartiges passiert nicht von heute auf morgen. »Mein Garten ist erwachsen geworden,« sagt Marlies Tubes, und man sieht ihr an, wie gut die Erfahrung über Jahre des Entstehen- und des Reifenlassens einem Menschen tun kann. So zeugen einige meterhohe alte Baumgerippe davon, was einst wichtig war und was daraus werden kann. Zum Beispiel der Pflaumenbaum, in dem die Kinder sitzen und Kerne spucken durften – genau wie Marlies Tubes früher auf dem elterlichen Bauernhof. In die Jahre gekommen, blieben von dem Baum nur noch die Hauptäste übrig. Er dient jetzt als Ständer für allerhand bunt bemalte Vogelkästen, von denen zur Freude der großen Vogelfreundin das eine oder andere während der Brutsaison sogar bewohnt ist.

Das, was andere Gärten durch den Wechsel der Jahreszeiten interessant macht, das wechselt hier nach der Laune der Gärtnerin: Die »Blumen« von Marlies Tubes sind Fundstücke – steinerne Vögel, Metallvögel, alte Werkzeuge, Holztische, Metalltische, zum Kranz gelegte Weidezaundrähte, ein Blitzableiter mit Platinspitze, alte Fußroste und sogar ein Telegrafenmast mit Porzellan-Isolatoren (Rosenthal-Industrie!). Als fester Bestandteil steht ein gemauerter Stuhl zwischen den Sträuchern, nachempfunden einem Kunststück von Anatol Herzfeld, das die Sammlerin auf der Museums-Insel Hombroich gesehen hat und dem alsbald noch eine Bank derselben Machart folgte. Allem, den Trögen, den Rohren, den Rindenstücken, hat der lange Aufenthalt im Garten sozusagen das Leben eingehaucht. »Man darf die Patina nicht abmachen,« findet Marlies Tubes und tätschelt einen bemoosten Stein, bei dem man inzwischen wissen muss, dass er ein Löwengesicht hat. So steckt hinter jedem Stück eine Geschichte. Mit Sinn für das Subtile kann man sie bei einigen erkennen. Bei anderen darf man gerne nachfragen!

1

13 GARTEN–STECKBRIEF

Adresse und Öffnungszeiten:
Marlies Tubes, Am Pastors Busch 12, 46244 Bottrop/Kirchhellen, Tel. 02045/2340, Internet: www.w-rusch.de/offene-gaerten.htm. Besuch nach Vereinbarung; Teilnahme an der jährlichen Aktion »Gärten in Westfalen öffnen ihre Pforten«.

Größe:
Grundstück 900 Quadratmeter, davon gut 500 Quadratmeter Garten.

Charakter:
Ein grüner Garten mit liebevollen wechselnden Dekorationen, der seit 1973 in der Hauptsache aus einer Rasenfläche und Gehölzen besteht. Immergrüne verleihen ihm rund ums Jahr ein attraktives Rückgrat.

1 | Aus alten Kohleschaufeln, einer Pfanne für das Schweinefutter, Mistgabel, Sense, Rechen und anderen Geräten arrangierte Marlies Tubes ein kleines Privatmuseum. Die Holzschuhe trug ihr Schwiegervater, der Lehrer war, immer im Schulgarten.

2 | Das Kochen liegt der kreativen Sammlerin und Vogelliebhaberin ebenso am Herzen wie das Gärtnern. Die von teils selbst getöpferten Enten umschwommene Speisekarte ist eine sinnliche Erinnerung an einen runden Geburtstag.

3 | Gestern hier, heute schon wieder woanders: Eine alte Kabeltrommel präsentierte beim Besuch des Fotografen ein mit Gänseblümchen ausstaffiertes Maschendrahtnest. Nun warten die einzelnen Stücke an anderer Stelle auf eine neue Eingebung.

4 | Ein Stuhl vom Sperrmüll wurde durch einen hellgraublauen Anstrich zum Multitalent. Darauf ruht sich gerade eine herrlich patinierte Steinhenne bei Lavendelduft aus. Dann wieder spielt er eine Solorolle als Farbtupfer im immergrünen Beet.

Vorhergehende Doppelseite:
Großes Bild: Beim Überblick über den Garten zieht das mit Buchs gefasste Beet das Auge zuerst auf sich. Dann bemerkt man die Details, wie die Zinkgießkannen auf einer gemauerten Bank, den gemauerten Stuhl, Vogelhäuser und anderes, das die Neugier weckt. Kleines Bild: Aus tönernen Drainagerohren stapelt Marlies Tubes lichtdurchlässige Mauern auf, die man ohne weiteres wieder versetzen könnte.

Wo Mensch und Pflanze zueinander finden

ANJA MAUBACH, WUPPERTAL-RONSDORF

Offene Erfolgsgeheimnisse

In der Staudengärtnerei von Anja Maubach kann jeder das Gartenglück finden. Die, die noch nicht so recht wissen, wie sie an die Gestaltung ihres Grundstücks herangehen sollen, ebenso wie solche, die schon richtige Staudenfüchse sind. Die einzige Voraussetzung: Man sollte auch wirklich Lust auf den Umgang mit Pflanzen haben. Obwohl – wer noch nicht so ganz entschlossen ist, wird leicht von Anja Maubachs Begeisterung, von ihren Ideen und ihren Mut machenden Ratschlägen auf den Geschmack gebracht!

Was hat jedoch eine Staudengärtnerei in einem Buch über die schönsten Gärten Deutschlands zu suchen? Die Antwort ist plausibel: Auch eine Pflanzenkennerin muss das Gestalten und Kombinieren lernen und sich durch Erfahrungen weiterentwickeln. Anja Maubach machte das öffentlich. 1990 stellte sie ihr allererstes Beet (»eine Luxusgartenfläche,« wie sie die gestalteten Teile nennt) auf dem Gelände der Gärtnerei zusammen: eine gemischte Rabatte mit graulaubigen Stauden und Gehölzen. Dem grauen Beet folgte ein rotes. Dann kamen die »Simple Border«, die beweist, dass man schon mit wenigen, unkomplizierten Stauden einen tollen Effekt erzielen kann, die »Lady in Black & Chocolate Border«, das Septemberbeet und die Schmetterlingsbar »Madame Butterfly«. Der Name ist jeweils Programm. Die neuesten Projekte: »Lake Orion«, ein Beet wie ein blauer See, und, 2007, das »Frühlingsbeet« sowie der »Garten der hilfreichen Freunde«.

Anja Maubach hütet Ihre Erfolgsgeheimnisse nicht. Im Gegenteil. Auf Führungen und in Seminaren zeigt Sie jedem, der es wissen will, was möglich ist. Wie viel Spaß das Gärtnern machen kann, wenn man sich einfach mal traut und Fehlschläge locker als Erfahrungen verbucht. Und wie man selbst zu seinem ganz persönlichen Gartenglück findet. »Der Garten hat immer nur mit dem Gartenbesitzer zu tun«, findet Anja Maubach. »Am Wichtigsten ist, dass man das macht, was einem derzeit gefällt – egal, was andere darüber denken!« Ihre eigenen Themengärten dienen dabei als Studienobjekte: Wie verhalten sich die Stauden ihren Nachbarn gegenüber? Wie verändern sich Pflanzungen im Lauf des Jahres?

Oder über die Jahre: Nichts bleibt, wie es ist. Pflanzen wachsen, und manche sind stärker oder langlebiger als andere. Da muss man auch schon einmal den Mut für energische Eingriffe haben. So verwandelte Anja Maubach den alpinen Steingarten ihres Großvaters am Wohnhaus, der nun im Schatten von erwachsen gewordenen Bäumen liegt, in einen Waldgarten mit Stauden, die diesen Standort zu schätzen wissen. Wo die Sonne noch hinkommt, erhält sie den halbalpinen Charakter. Rigoros setzte sie die Säge an, um die einst als Sichtschutz gedachten Rhododendren am Haus für Licht und Blick durchlässiger zu machen. Manchmal führen auch andere Umstände dazu, etwas verändern zu müssen. Das »Lady-in-Black«-Beet konnte nach einer Wühlmausattacke nicht mehr geflickt werden. Ärgerlich? Anja Maubach zuckt mit den Schultern: »So kann ich wieder etwas Neues und andere Pflanzen ausprobieren.« Auch das graue Beet ist etwas aus der Fasson geraten und bedarf einer Generalüberholung. Nun wird es renoviert – obwohl Anja Maubach bei diesem Gedanken, völlig untypisch für sie, etwas zögerlich erscheint. Es war halt ihr erstes.

1

14 GARTEN–STECKBRIEF

Adresse und Öffnungszeiten:
Themengärten in der Staudengärtnerei Arends Maubach, Monschaustraße 76, 42369 Wuppertal, Tel. 0202/464610, www.arends-maubach.de. Öffnungszeiten: März bis Oktober: werktags außer Dienstag 9 bis 17 Uhr, Samstag 9 bis 16 Uhr; November bis Februar: werktags 9 bis 16 Uhr, Dienstag und Samstag sowie 24.12. bis 31.1. geschlossen.

Größe:
Gesamtgelände 2 Hektar, davon etwa ein Viertel als gestaltete Gärten.

Charakter:
Staudengärtnerei mit mehreren kleineren und größeren Themengärten, darunter der private Teil mit Wald-, Stein- und Wassergarten.

1 | Rückzugsort für den Feierabend: Der Sitzplatz am Ende des langen, formalen Wasserbeckens wird von der untergehenden Sonne verwöhnt. Die Stauden dürfen sich lässig über den Rand ins Wasser hangeln. Eine Hecke gibt Rückendeckung.

2 | Bei Anja Maubach dürfte das Gefühl für Pflanzen inzwischen fest in den Genen verankert sein: Die Staudengärtnerei wurde 1888 von ihrem Urgroßvater Georg Arends gegründet. 110 Jahre später trat sie in vierter Generation das Erbe an. Dabei schaut sie gern über den Tellerrand und arbeitete deshalb einige Zeit in England.

3 | Die Bäume im Privatgarten am Haus sind groß geworden. Unter ihrem Laubdach zeigen Pflanzen, wie Farne, Bergenien und Purpurglöckchen, dass auch im Halbschatten eine dichte und attraktive Bepflanzung zu ermöglichen ist.

Vorhergehende Doppelseite:
Großes Bild: Wie Bilderrahmen stellt das einfallsreiche Pflaster verschiedene Dachwurz-Arten zur Schau. Während die Pfeifengras-Horste noch heranwachsen, schweben die Kugeln der Zierlauch-Sorte 'Globemaster' über dem filzigen Woll-Ziest. Kleines Bild: Eine Mauer dient hier als »botanische Juwelenbox«, wo Anja Maubach Stauden in einer Sammlung von Pflanzgefäßen dekorativ in Szene setzt.

JÜRGEN PAPENFUSS UND JÜRGEN RÖSNER, SOLINGEN

Hoch hinaus im Tal der Mühle

Immergrün und Ramblerblüte

»Das war hier wohl schon immer so,« bekommen Jürgen Papenfuß und Jürgen Rösner von Besuchern ihres Gartens öfter zu hören. »Nein,« gibt Jürgen Papenfuß dann zur Antwort, »nicht seit immer. Seit 1974 ist es so.« Der erfahrene und viel gefragte Gestalter ist dennoch in gewissem Sinne zufrieden, dass viele Menschen seinen Garten eher als ein Stück unberührte Natur ansehen denn als eine mit Bedacht geplante Anlage. Abseits der Stadt und der Wohngebiete, inmitten einer Bachtal-Idylle, soll es eben auch aussehen wie in einer mitteleuropäischen Bachtal-Idylle.

Tatsächlich war vor dem Einzug von Jürgen Papenfuß und Jürgen Rösner in den 200 Jahre alten Kotten, dem Haus zur 300 Jahre alten Mühle, alles ziemlich anders. »In dieses Tal schien keine Sonne und kein Mond,« erinnert sich Jürgen Papenfuß. Schuld daran waren Pappeln, die direkt vor dem Haus standen – allerdings nicht mehr lange. In der Folge war der Garten am Kotten sonnig, und der Blick auf die gegenüber liegende Obstwiese frei. Umgekehrt sah man vom Weg vor der Obstwiese auf den Kotten und den Naturteich, der das Gebäude spiegelte. Was er, von Gräsern, Schwertlilien und anderen Sumpf- und Uferpflanzen zugewuchert, heute nicht mehr tut: »Aus dem Spiegelteich ist eine Salatschüssel geworden,« merkt Jürgen Papenfuß an. Nun ja, innerhalb von 32 Jahren tut sich halt einiges. Ein bisschen wundern sich die Haus- und Gartenherren selbst darüber, wie der sonnige Platz neben dem Kotten inzwischen wieder im Schatten versunken ist. Als hier der Buchs gepflanzt wurde, meinte Jürgen Rösner: »Wenn ich sterbe, ist der so groß wie ich.« Er ist, zum Glück, noch quicklebendig, die Gehölze jedoch schon vier Meter hoch.

Im Tal der alten Mühle scheint alles in die Höhe streben zu wollen. Die Birke, die Walnuss, die Hainbuchen und die Eichen sowieso. Aber auch der Wein, der die Südseite des Hauses erobert und früher zentnerweise Trauben lieferte, und der Blauregen, der sich in eine Eiche windet. Dann die Rambler-Rosen, die von Gehölzen und Pavillon hangeln, wie 'Rambling Rector' (»duftet stark«), 'American Pillar' (»sehr reich blühend, aber eine etwas unmögliche Farbe«), 'Sander's White' und 'New Dawn' (»für mich die schönste – reichblühend und naturhaft«). Selbst Strauchrosen entdecken hier ihr Klettertalent, wie 'Louise Odier', die sich durch einen Buchs webt, und 'Cerise Bouquet', während Historische Sorten, wie 'Souvenir de la Malmaison', 'Mme Alfred Carriere', 'Scharlachglut' und *Rosa* × *alba* 'Suaveolens', sich auch in der Breite ausdehnen dürfen. Selbstverständlich fehlen auch Clematis nicht: 'Étoile Violette' blüht hier und 'Lasurstern', die schon aus einem früheren Garten mit ins Mühlental umziehen durfte. All dies spricht für ein rauschendes Blütenfest – im Juni. Und dann? »Ein Garten muss jahreszeitliche Höhepunkte haben und zwischendurch sollte Ruhe herrschen,« lautet eine der Papenfußschen Überzeugungen; »er muss auch im Winter schön sein,« eine weitere. So ist es hier, dem allgegenwärtigen Buchs, der reich fruchtenden *Ilex*-Sorte 'Alaska', der roten Rinde des Hartriegels *Cornus alba* 'Sibirica' und den vielen Gehölzsilhouetten sei Dank. Außerhalb der Rosenblüte begeistert vor allem der Frühling mit seinen luxuriösen 150 Zwiebeln der Tulpe 'White Triumphator' pro 70-Zentimeter-Kübel, mit Japanischen Zierkirschen und Zieräpfeln. Der Herbst dagegen protzt mit Obst, Wal- und Haselnüssen sowie satten Laubfarben und Fruchtschmuck, der zum Beispiel am Zierapfel 'Wintergold' baumelt. »Rosen, Weiden, Ilex, Holunder und Buchs,« Jürgen Papenfuß schaut sich zufrieden um. »Heimischer geht's nicht! Und die ländlichen Geräusche dazu – schön!« In der Tat: Es gackert und quakt aus den Hühnerställen und vom Ententeich, Hunde bellen, auf dem Kompost, auf einem Torfposten und vor einer Strauchrose räkeln sich Katzen in der Sonne. Nur der Kakadu spricht eine andere Sprache als unser Ohr gewohnt ist. Doch auf irgendeine Weise passt auch er ins Tal der alten Mühle. Genau wie die Magnolie, für die sich Jürgen Papenfuß fast entschuldigt, und die gewaltige Gunnera am Teich. Es lebe die künstlerische Freiheit!

1

15 GARTEN–STECKBRIEF

Adresse und Öffnungszeiten:
Jürgen Papenfuß und Jürgen Rösner, Wipperaue 3, 42699 Solingen, Tel. 0212/817504, e-mail: papenfuss-roesner@t-online.de. Besuch im Juni nach telefonischer Absprache möglich.

Größe:
Gesamtgrundstück 5 Hektar, gestalteter Garten 3 000 Quadratmeter.

Charakter:
Ein 1974 angelegter Landschaftsgarten in einem Bachtal mit naturnahem Charakter. Viele Gehölze und Kletterpflanzen, darunter Rambler-Rosen und Clematis. Außerdem zwei Teiche und eine Streuobstwiese.

1 | So kann »lebendiger Gartenschmuck« im Garten an der alten Mühle auch aussehen: Die Hausherren haben ein Faible für Tiere. Auch für Vögel, die in kleineren und größeren Volieren zur typischen »Geräuschkulisse« im Tal beitragen.

2 | Kein Wesen dieser Welt entspannt sich so dekorativ wie eine Katze, und nirgendwo kann man sich von dieser Erkenntnis mehr überzeugen als in diesem Garten, wo immer mindestens ein Exemplar dabei zu beobachten ist. Das Tier, das Gary Rogers hier einfing, hat sich auch noch ein extraschönes Plätzchen unter einem Blütenbaldachin aus der Kletterrose 'Rambling Rector' ausgesucht.

3 | Jürgen Papenfuß und Jürgen Rösner haben neben der Gartengestaltung, die wohl ebenso Beruf wie Berufung ist, noch ein Hobby: Sie züchten kleine und große Rassehunde.

Rechts: Der Rambler 'Russelliana' gehört zu den Alten Rosen. Seine magentafarbenen Blüten verblassen im Verblühen zu einem Mauveton.

Vorhergehende Doppelseite:
Großes Bild: Welch eine Idylle! Von der offenen Wasserfläche, die als Spiegel des Gebäudes geplant war, ist – zumindest aus dieser Sicht – nur noch ein Teil übrig geblieben. Durch die malerisch dicht verwobenen, typischen Sumpf- und Uferpflanzen bleibt die Teichatmosphäre jedoch gut erhalten. Kleines Bild: Als Zaungast lehnt die robuste Rose 'Rosarium Uetersen' am alten Holztor.

MONIKA DROEGE-JUNG, JOHANNES UND MALTE JUNG,
ANRÖCHTE-MELLRICH

Familie mit Lust auf Garten

Von Pflanzenjägern und Gestaltern

Einige Jahre nach dem Einzug in ihr neues Haus beschloss die Familie Jung, dass ihr Garten schöner werden sollte. Drei eigens beauftragte Firmen reichten nacheinander ihre Vorschläge ein. Mit keinem davon konnten sich die Gartenbesitzer identifizieren. »Das war mir alles zu deutsch,« sagt Monika Droege-Jung. Wer sich das von Ehemann und Architekt Johannes Jung geplante Wohngebäude ansieht, wundert sich darüber nicht, denn auch das tanzt, verglichen mit denen der Nachbarn, ziemlich aus der (Länder-)Reihe: Es erinnert an die Holzhäuser Skandinaviens. Für den Garten musste also eine andere Lösung her, und so ergriff Monika Droege-Jung selbst die Initiative: »1997 fing ich an, Gartenbücher zu studieren. Ein Jahr später besuchte ich garteninteressierte Frauen in unserer Gegend zum Erfahrungsaustausch.« Dazu gehörte auch Rendel Barton (siehe Seite 82). »Der Tag in ihrem Garten war ein tolles Erlebnis!« Und der Anfang zum eigenen schönen Entwurf. Man fuhr in die Niederlande zum Einkauf, auf Gartenfestivals und in Staudengärtnereien. Drei Jahre lang wurde immer wieder einmal eine Gartenecke abgesteckt und dort die ersten Ideen ausprobiert. 2001 entstand der erste vollständige Plan auf Papier.

Monika Droege-Jung blieb mit der Gestaltung des Gartens von Beginn an nicht alleine. Johannes Jung beteiligte sich daran; vor allem aber Sohn Malte, damals 14 Jahre alt, wurde direkt vom Pflanzenfieber befallen: »Ich schleppte immer neue Arten an, für die wir dann einen Platz suchen mussten.« 100 verschiedene Funkien jagte er so zusammen, von denen, dank der Wühlmäuse, heute etwa 60 übrig sind. Die Storchschnabelkollektion umfasste sogar 150 verschiedene Arten und Sorten. 100 wachsen hier immer noch, die restlichen hat er verschenkt, denn etwas anderes ist wichtiger geworden: »Früher waren die Sammlungen ungeordnet aufgepflanzt,« sagt der heute 22jährige Sortenkenner. »Jetzt binden wir sie in die Gestaltung der Beete mit ein.«

Wenn dieser Tage jemand, so wie Monika Droege-Jung einst zu Rendel Barton, hier in den Garten kommt, kann sich die Geschichte durchaus wiederholen. Anregungen und Ideen gibt es jedenfalls mehr als genug. Gleich beim Eingang, vor einem kleinen Gewächshaus, wird man vom Orangeroten Beet begrüßt. Weiter geht es durch einen Rosenbogen mit dem Rambler 'Veilchenblau'. Dahinter findet man zur Rechten das Grüne Schattenbeet mit einem Teil von Maltes Funkien – die meisten stehen im Schattengarten auf der Nordseite des Hauses. Dem Grünen Beet gegenüber liegt das Gelbweiße Sommerbeet. Es reicht bis zur Südterrasse, die unter einer Weinlaube liegt. Eine Art Schlaraffenland, also, das jedoch genauso gut als kleines Privatmuseum durchgehen könnte: »Wir sammeln alte Gartengeräte,« erläutert Malte, »vor allem Schaufeln und Rosenscheren aus dem 19. und frühen 20. Jahrhundert.«

1

An der Terrasse liegt ein kleiner Teich. »Den gestalten wir jetzt um,« sagt Monika Droege-Jung. »Er wird verkleinert und in ein festes Wasserbecken umgebaut, damit wir dort mehr Platz für Funkien haben.« Wieder ein Rosenbogen, diesmal mit dem starkwüchsigen Rambler 'Bobbie James', der sich seit seiner Pflanzung »erschreckend« ausgebreitet hat. Mit einem »Bein« steht der Bogen im Grauen Beet am Haus. Gegenüber, auf der anderen Seite des Rasenwegs, schnörkelt sich eine Buchsspirale am runden Feuerplatz. Neben der weißen Sitzgruppe tut sich der Weiße Garten auf, mit einem Mini-Wasserbecken und Buchsformschnitt. Weiter führt ein Weg zum Großen Teich, eine neun mal neun Meter messende, runde Wasserfläche mit einem Sitzplatz auf einem Holzsteg. Dort, in eine Ecke des Gartens geschmiegt, steht das Teehaus. Mit etwas Abstand verläuft dahinter, wie am Feuerplatz und am Weißen Garten, eine Trockenmauer. Beim Beet um den Großen Teich herum hat der Sohn des Hauses seine Finger im Spiel. »Wir haben den Garten des niederländischen Gestalters Piet Oudolf besucht und waren begeistert,« erinnert er sich. Entsprechend deckten die

Jungs sich in der dazu gehörenden Gärtnerei mit den für Oudolf typischen Pflanzen ein, wie Chinaschilf und nordamerikanischen Präriegewächse. All dies inspirierte Malte, das Beet um den Teich in Oudolfscher Farbstimmung – hauptsächlich in Violett, Rosa, Pink und Weiß – anzulegen. Hinter dem Teich, am Gartenrand, ist ein Beet, das früher in Gelb und Pflaumenblau blühte. »Von der Ostterrasse aus liegt es zu weit entfernt für die dunklen Töne,« sagt Monika Droege-Jung. Deshalb ist die Farbgebung nun heller, eher Rosa, Violett, Blau und Pink; und das Gelb gibt es nicht mehr. Die Ostseite des Gartens liegt in der Nähe der Küche, und das merkt man auch. So trägt das Beet direkt davor den Namen »Blauweißes Küchenbeet«. Schräg gegenüber, neben dem Großen Teich, hat das kleine Kräuterbeet seinen Platz gefunden. Direkt vis-a-vis der Küche liegt der Bauerngarten mit seinen vier von niedrigen Buchshecken eingefassten Beeten von je zwei mal zwei Metern. Darin wachsen Gemüse und, natürlich, Zierstauden und Rosen. Der Rosenbogen jedoch, der als Eingang zum Bauerngarten dient, wird von der sehr robusten *Clematis*-Hybride 'Hagley Hybrid' erobert.

1 I Hinter dem Weißen Garten erstreckt sich der Teich, dessen Ufer vor dem Teehäuschen von einem Holzdeck überragt wird. Von dort kann man bei einem schönen Überblick über den Garten entspannen.

2 I Wer durch den Rosenbogen mit 'Bobbie James' auf dem großen Bild der Eingangsseite geht und sich dann umdreht, blickt auf den weißen Sitzplatz. Dahinter zeigt die schräg ansteigende Ligusterformschnitthecke, wo der Weiße Garten liegt. Das Teehäuschen kennzeichnet die hintere Gartenecke. Der Große Teich davor ist von hier aus nicht zu sehen und daher für neue Besucher eine Überraschung.

Vorhergehende Doppelseite:
Großes Bild: Am Eingangsbereich des Gartens kommt man durch einen Rosenbogen mit dem Rambler 'Veilchenblau' zum Gelbweißen Beet (rechts) und zum Schattenbeet (links). Der vordere Bogen mit dem Rambler 'Bobbie James' steht mit dem rechten »Fuß« im Grauen Beet. Kleines Bild: Am Haus im skandinavischen Stil erstreckt sich das Weißblaue Küchenbeet. Es heißt nur so, weil es direkt vor der Küche liegt. Kräuter und Gemüse dagegen wachsen im Küchenbeet gegenüber.

1

2

3

4

1 | Neben Maltes Dachwurz-Töpfchen schmücken Mottenkönig, Neuseelandflachs, eine kleine Olive und der Strauß-Steinbrech 'Southside Seedling' die Nähmaschine.

2 | Als Gary Rogers hier war, stand im Regal gerade ein kleines Stapeltöpfchen mit Dachwurz, die *Heuchera* 'Stormy Seas' und ein Australische Gänseblümchen.

3 | Aus dem Beet neben dem Regal-Stillleben haben sich weiß blühende Pfirsichblättrige Glockenblumen per Selbstaussaat zwischen die Pflasterfugen aufgemacht.

4 | In diesem Regal finden allerhand schöne und nützliche Gartenutensilien Platz.

5 | Der Spiegel an der Ostwand zeigt eine Momentaufnahme des Bauerngartens.

6 | Innenarchitektin Monika Droege-Jung und Architekt Johannes Jung an ihrem »Arbeitsplatz« vor den Gerätehäuschen, die geschickt den Kompost verbergen.

16 GARTEN–STECKBRIEF

Adresse und Öffnungszeiten:
Monika Droege-Jung, Johannes und Malte Jung, Alexanderstraße 17, 59609 Anröchte-Mellrich, Tel. 02947/4260. Besuch von Mai bis September nach Absprache. Termine: www.w-rusch.de/offene-gaerten.htm

Größe:
Grundstück 1400 Quadratmeter, davon ca. 1200 Quadratmeter Garten.

Charakter:
Ein seit 1998 gestalteter Garten mit unterschiedlichen Bereichen, z. B. Bauerngarten, großem Teich mit Teehaus, Weißem Garten, Schatten- und Farbbeeten sowie mehr als einem Dutzend Sitzplätzen.

Wenn die Vorlieben wechseln

»Wir gestalten immer um,« sagt Monika Droege-Jung. Aus zweierlei Gründen. Einerseits werden Schattenbeete durch den Zuwachs der Gehölze mit der Zeit noch schattiger oder einzelne Pflanzen erweisen sich als ungeeignet für den Standort oder, im Gegenteil, als etwas zu wuchsfreudig. Der Hopfen am Bogen, der im Spiegel des Fotos Nummer 5 auf dieser Seite noch zu sehen ist, wurde gegen Geißblatt getauscht, denn »er wandert unter der Erde überall hin.« Andererseits aber wechseln, wie Malte sich ausdrückt, die Vorlieben. »Wir wollen es jetzt insgesamt etwas puristischer,« stellt er in Aussicht. »Es sollen klarere Linien her und die Beete weniger überladen sein.« Was einzelne Pflanzen oder gar ganze Gartenecken betrifft, erfordert das natürlich Ärmelaufkrempeln und richtig zupacken. So wird erwogen, das Gelbweiße Beet in einen Knotengarten zu verwandeln. Anderes verändert sich fast schon nebenher, so wie die beiden einst von Johannes Jung aus Resten gebauten Gerätehäuschen am »Arbeitsplatz«, denen Malte kürzlich ein wärmeres Grau verpasste. Oder die vier Nähmaschinen, die immer wieder zu neuen Stillleben umarrangiert werden. Die Sempervivum- und Duftgeraniensammlungen, die die Regale in Töpfchen bevölkerten, nehmen ab. Die Regale selbst werden umgebaut und mit alten Schneider-Kannen, handgedrehten Tontöpfen, Figuren und Laternen bestückt. Einige Pflanzen im Gefäß gehören natürlich dazu, wie die beiderseits eines Regals posierenden Buchskugelhochstämmchen oder eine Fetthenne. So bleibt alles in Bewegung – und die Jungs schmieden ständig neue Pläne. Vor dem Sitzplatz unter der Weinlaube steht (noch?) ein Herz aus Buchsbaum. Auf seiner rechten Seite liegt ein Findling mit dem Spruch: »Lohnt sich das, fragt der Kopf. Nein, sagt das Herz, aber es tut gut.« Welch ein Glück für diese Familie, dass die konsultierten Gartengestalter-Firmen nicht gleich die richtige Idee hatten!

RENDEL UND DR. JAMES BARTON,
LIPPSTADT-BENNINGHAUSEN

Ruhige Idylle hinter hohen Hecken

Gelegenheit plant Garten

»Was machen Sie nur den ganzen Tag im Garten,« wurde Rendel Barton einmal über den Zaun hinweg gefragt. Dabei hätte dieser Mensch doch bloß die Augen aufzumachen brauchen. Zwar tat sich in den ersten zehn Jahren, nachdem die Familie Barton auf »den Acker« gezogen war, zunächst nur »das Übliche«: eine Hecke, ein Rasen, ein paar Stauden, ein Sandkasten für die Kinder. Dann, 1990, kam ein Tag, der das Leben der Gartenbesitzer und, in der Folge, den Garten selbst für immer verändern sollte.

Und das war so: Rendel und James Barton, schon immer naturliebend, besuchten zum »Tag der Offenen Gartenpforte« Reiner Herling, damals Leiter der Gesellschaft der Staudenfreunde, in Dortmund. Sie waren »hin und weg« und beschlossen auf der Stelle, sich nunmehr ernsthaft und sofort an die Gestaltung des eigenen Grundstücks zu machen. »Wir hatten das schon immer im Hinterkopf; wir wussten nur nicht, wie,« sagt Rendel Barton. Nun wussten sie es. Noch in der gleichen Woche hoben sie mit Pickel und Schaufel aus ihrem schweren Boden einen Teich aus. Nicht, weil der Teich ein erster Gartenwunsch war, sondern weil ein Freund seine Wasserstelle reparieren musste und keine Ahnung hatte, wo er die dazu gehörenden Pflanzen lassen sollte. »Gib sie uns,« sagten die Bartons, und so entstand der Teich. Abwegig war der Gedanke freilich nicht: Schließlich befand sich dort, wo jetzt Wasser ist, die tiefste Stelle des Grundstücks, das vom Haus weg etwas abschüssig verläuft. Den Aushub karrten die Bartons hinter eine Hecke und ebneten ihn ein. Darauf entstand ein runder Sitzplatz – weil sie gerade alte Pflastersteine geschenkt bekommen hatten. Gelegenheit plant Garten, möchte man da sagen, und so hat Rendel Barton, nach und nach, das Grundstück derart verändert, dass heute die Besucher mindestens ebenso hingerissen davon sind wie sie und ihr Mann einst in Dortmund.

In der Zwischenzeit ist aus der Anfängerin eine wahre Expertin geworden: »Ich habe alles verschlungen, was mit Garten zu tun hat.« Mit ihrem Ehemann ging sie auf Inspirationsreisen nach England. Und in die Niederlande, wo sie mit Freundinnen auch alljährlich Gärten, Gärtner und Gartencenter abklappert, um sich mit Pflanzen und Deko einzudecken. All dies hat Spuren hinterlassen. Man mag es vielleicht nicht auf den ersten Blick erkennen, aber die Gestaltung basiert heute auf einem strengen, formalen Grundgerüst – eine Stärke von James Barton, der auf Gartenreisen meist das Ganze im Blick hat, während Rendel Barton sich eher von den einzelnen Pflanzen angezogen fühlt. Im eigenen Garten gibt es lange Achsen, die immer wieder durch Beete unterbrochen werden. Außerdem allerhand kleine Zimmerchen, Beete und Bereiche mit unterschiedlichen Pflanzen- oder Farbthemen. Blau ist Rendel Barton am liebsten, und daher hat sie auch ein Blaues Beet.

3

»Früher musste es richtig knallig Königsblau sein,« sagt sie, »heute ziehe ich Glyzinienblau vor. Ich habe sogar unsere Bänke und eine Liege in dieser Farbe angepinselt – das passt so gut zu Grün.« Das Gelbe Beet im Vorgarten darf seinerseits nicht allzu »krass« daherkommen und wird folglich mit Weiß, Violett und viel gelbem Laub abgemildert. Gelbe Blumen sind überhaupt nur hier wirklich geduldet. Das geht so weit, dass die gelegentlich erscheinenenden Blüten des an anderer Stelle wegen seines grauen Laubs stehenen Currykrauts abgeschnitten werden. Das Grau selbst dagegen »ist eine wunderbare Farbe«, die Rendel Barton derzeit am liebsten mit Blau, Dunkelrot oder Violett kombiniert. Daher musste der Kräutergarten sein Gesicht und seine Funktion ändern: Salbei, Edelraute und Currykraut durften, des silbernen Laubs wegen, bleiben und umschmeicheln nun in vier von Buchs gefassten Beeten dunkelrote Dahlien und blauen Rittersporn.

1 | Über 200 Töpfe, z. B. mit blauen Einjährigen und Funkien, sind im Garten verteilt, wie James Barton der Gärtnerin vorzählt, wenn sie mal nicht da ist und er gießen muss. In der Zinkwanne lässt eine Pumpe leise eine Wasserglocke gurgeln.

2 | Am Teichufer vor dem Rosengarten ist Frauenmantelgelb und Seggengold erlaubt. Sonst dürfen sich nur violette, rosa- und pinkfarbene sowie weiße Blüten öffnen. Das Tafelblatt gedeiht trotz der hier seit einiger Zeit herrschenden Sonne.

3 | »*Allium* 'Globemaster' ist richtig toll,« schwärmt Rendel Barton. »Ohne Zierlauch würde ich gar nicht auskommen!« Die Zwiebeln setzt sie in Hühnerdrahtkörbchen, damit die Wühlmäuse ihr die Pflanzen nicht wieder vor der Nase fällen und ihr dann, wie wirklich geschehen, aus dem Loch auch noch ins Gesicht lachen.

Vorhergehende Doppelseite:
Großes Bild: Akkurater Formschnitt, der teils sogar alle 14 Tage nachgetrimmt wird, bildet den Rahmen für dicht bepflanzte Beete und Themengärten. Kleines Bild: Stillleben, wie hier an der Terrasse, gestaltet Rendel Barton jedes Jahr mit alten Lieblingen und neuen Fundstücken unter den blaublütigen und silberlaubigen Einjährigen.

»Hier kann ich bei mir selbst sein«

Neben dem Teich liegt ein von einem malerisch gewundenen Jugendstil-Eisenzaun eingefasster Platz, den Rendel Barton allein den Alten und Englischen Rosen widmet. 25 Sorten stehen dort in Form eines Schlüssellochs, darunter *Rosa gallica*, 'Rose de Resht', 'Madame Isaac Pereire', 'Othello', 'William Lobb', Souvenir de la Malmaison' und 'Charles de Mills'. Kleinode der ganz anderen Art enthält dagegen das Giftpflanzenkabinett, das Rendel Barton, durch einen Vortrag inspiriert, zusammenträgt: »Ich war erstaunt, wie viele Arten dazugehören – und sie sind oft schwer zu beschaffen.« Das Interesse der Besucher ist Akelei und Primel, Aronstab und Eisenhut sicher, auch wenn das Beet im Sommer nicht gerade spektakulär aussieht. Das kann eine andere Pflanzensammlung von sich sehr wohl behaupten: An Eisenobelisken ranken etwa 30 Clematis der verschiedensten Sorten in den Himmel.

Ob Sommer oder nicht: Dieser Garten hat immer etwas zu bieten. Gewisse Jahreszeiten sind Rendel Barton jedoch lieber als andere: »Den Frühling und besonders den Frühsommer finde ich am wichtigsten. Dann ist alles noch frisch und grün, es riecht gut, und das Licht ist so schön!« Die Lieblingszeit beginnt mit ganz vielen Lenzrosen und der derzeit 17 Sorten umfassenden Schneeglöckchensammlung, mit Krokus, Winterling und Traubenhyazinthen,

1

2

mit Narzissen und mit Tulpen, letztere vor allem in Rosa sowie in Purpur. Dann kommen Zierlauch, Etagenprimeln, Akelei und Pfingstrosen, gefolgt vom Fest der Rosenblüte. Der Hochsommer, unter anderem mit Phlox und Roter Spornblume, mit Glockenblume und Hohem Eisenkraut, mündet in das Finale mit violetten und weißen Herbst-Astern, Dahlien, Fetthenne, Teppich-Wiesenknöterich und Silberkerze. Dann färben sich die vier neuen Hochstamm-Felsenbirnen und die Rotbuchenhecke kupfer, Zierbirnen und Schneeball leuchten in Gelb. Was dann passiert, kostet Rendel Barton Überwindung: Im Spätherbst schneidet sie alles zurück, bis auf die Gräser und einige wenige andere Stauden. Die Struktur des Gartens soll jetzt klar hervortreten. »Das ist eine Erholung fürs Auge,« sagt sie. »Aber die Seele kann sich im Winter nicht ausruhen, weil dann draußen so wenig zu tun ist. Fürchterlich!«

Das Ziel, das sich die Bartons an jenem Tag im Jahr 1990 setzten, haben sie vollkommen erreicht: »Jetzt ist alles so, wie ich es mir wünsche,« sagt Rendel Barton. Ganz besonders der Weiße Garten, ihr ganzer Stolz, den sie in Terrassennähe anlegte, »damit wir abends was zu gucken haben.« Auf etwa 30 Quadratmetern zählte sie vor einiger Zeit nicht weniger als 84 verschiedene Pflanzenarten und -sorten mit weißen Blüten oder grauem Laub, von *Aconitum napellus* 'Schneewittchen', dem weiß blühenden Eisenhut, bis *Viola sororia*, dem Pfingst-Veilchen. Diese setzt sie, selbstbewusst und mit Absicht »gegen die Lehrmeinung«, so dicht wie möglich und oft einzeln statt in Gruppen. Dadurch hat Unkraut keine Chance. Manches jedoch geht an diesem teils sonnigen, teils schattigen Ort im Konkurrenzkampf verloren. Na und? Die leidenschaftliche Gärtnerin hat längst Ersatz im Hinterkopf, den sie als nächstes ausprobieren will. Die Lust auf Neues und die Ideen nehmen kein Ende. »Der Garten ist meine Lebensmitte und mein Ruhepol,« schwärmt Rendel Barton. Nichts findet sie schöner als Wochenenden, an denen nichts ansteht und die Ehepartner gemeinsam »rumpuzzeln« und ihre von hohen Hecken umgebene, grüne Welt mit der überbordenden Blütenfülle genießen können. Hat noch jemand Fragen, was Rendel Barton dort den ganzen Tag macht?

1 | Für seine nur drei Meter Breite und viereinhalb Meter Tiefe macht der Buchsbaumgarten mit vier symmetrischen Formschnitt-Bourbon-Lilien eine grandiose Figur. Der Bogen mit der Kletterrose 'Ilse Krohn Superior' schmückt den Eingang, und im Hintergrund legt sich der Rambler 'Veilchenblau' über einen Holzzaun.

2 | Unter der Holzpergola an der Terrasse sitzt man lauschig, denn sie ist mit Efeu, Wildem Wein und Blauregen berankt. Im lichten Schatten steht ein Teil der Funkiensammlung in Töpfen, außerdem noch eine graulaubige *Plectranthus*-Entdeckung.

3 | Der »Weiße Garten« liegt in Sichtweite der Terrasse. Zum Feierabend leuchtet es bis lang nach der Dämmerung, was die Bartons bei einem Glas Rotwein sehr genießen. Bei Vollmond hat ein solches Beet natürlich einen ganz besonderen Reiz!

17 GARTEN–STECKBRIEF

Adresse und Öffnungszeiten:
Rendel und Dr. James Barton, Flachsweg 16, 59556 Lippstadt-Benninghausen, Tel. 02945/6098. Besuch nach telefonischer Absprache möglich. Teilnehmer der Aktion »Offene Gärten in Westfalen«; Termine im Internet unter: www.w-rusch.de/offene-gaerten.htm

Größe:
Grundstück 1 000 Quadratmeter, davon Garten 800 Quadratmeter.

Charakter:
Ein seit 1990 im englischen Stil gestalteter Garten mit formalen Linien und überbordenden Staudenbeeten. Unter anderem ein Teich, ein Weißer Garten, ein Rosengarten, viele Topfpflanzen und neun Sitzplätze.

3

Wenn der Frühling fünfmal loslegt

BARBARA UND PETER ROHDE, HANNOVER

Die »gegliederte Unordnung«

Wer den Reihenendhausgarten von Barbara und Peter Rohde betritt, staunt nicht schlecht: Er sieht größer aus, als er mit seinen gerade mal 365 Quadratmetern tatsächlich ist – der durchdachten Raumaufteilung mit optischer Höhe und Tiefe sei Dank. Die fünf (!) Nachbargärten nimmt man kaum wahr, so geschickt haben die Rohdes sie hinter Gehölzen versteckt bzw. in die Gestaltung einbezogen. Es kommt noch erstaunlicher: Gemessen am Blühen und Verblühen der Pflanzengemeinschaften, die sich hier entwickelt haben, erlebt man statt nur vier ziemlich viele »kleine« Jahreszeiten.

Das Grundstück gliedert sich in zwei Teile. Praktisch: Die drei Jungs der Familie hatten erst den vorderen Garten, der von der Küche gut zu überblicken ist, als Spielbereich mit Kletterbäumen und Rasen für sich. Am Haus vorbei wird der Garten sehr schmal, was klar die »Tobegrenze« definierte. Der hintere Teil diente als ruhiger Wohnbereich. Dafür ist der Hausherr zuständig. Im ypsilonförmigen Beet am Rasen spielt eine 40 Jahre alte Apfelquitte die Hauptrolle. Ihr Counterpart ist ein ebenso alter, weiblicher Ginkgo. »Dick und Doof,« nennt Barbara Rohde die beiden, sorgen sie doch, rundlich und schlaksig, für »eine lustige Pointe«. Um die Apfelquitte kommt allein der Frühling gleich mehrfach: Erst mit Schneeglöckchen und Krokus, dann mit einem Teppich aus Leberblümchen, Lerchensporn, Buschwindröschen und Blausternchen. Es folgen Schleifenblume, Blaukissen und Gänsekresse, dazu sparsam Kaiserkronen, Narzissen und Tulpen. Im Mai blühen z. B. Polsternelke, Seifenkraut, Wolfsmilch, Akelei und Zweijährige. Bald folgen Zierlauch und Schwertlilien. Dazu legen sich Quitte, Tamariske und Clematis ins Zeug. »Zu Beginn ändert sich das Bild fast alle zwei Wochen,« sagt Peter Rohde. Und im nur wenig langsameren Tempo geht der Blütenreigen weiter bis zum August. Nach kurzer Pause bis Mitte September kommt bereits der nächste Höhepunkt mit Herbst-Astern, Fetthenne und Chinaschilf.

Peter Rohde hat diese Blütenfolge in seiner, wie er sagt, »gegliederten Unordnung« nur schwerpunktmäßig geplant. Es ist ein Grundanliegen der Ehepartner, möglichst wenig in das Geschehen einzugreifen, lediglich zu probieren, zu beobachten und den Dingen lieber ihren Lauf zu lassen. Dazu gehört auch, dass die Rohdes die Pflanzen »als Schutz für den Boden, als Deckung und Nahrung für die Tiere und für räumliche Höhe und Tiefe« teilweise bis zum April stehen lassen. So begegnen sich im zeitigen Frühjahr alte Stängel und neues Leben. Der Erfolg gibt den Gärtnern Recht: Manche Pflanzen fühlen sich seit mehr als 30 Jahren an ihrer ursprünglichen Stelle wohl. Andere haben sich dagegen auf die Wanderschaft gemacht: Etwa 40 Arten bevölkern die Plattenfugen. Die Philosophie des Gewährens gilt auch im vorderen Gartenteil, den Barbara Rohde seit 1998 umgestaltet. Neben einem Sitzplatz und einem Rückzugseckchen legte sie innerhalb des älteren Gehölzrahmens mit einem stattlichen Urweltmammutbaum sieben von Pflasterstegen begrenzte Beete an – im handlichen, »aufs Seniorengärtnern« zugeschnittenen Format von 1,20 auf 1,70 Meter. Dort wachsen, zwischen einigen Buchseinfassungen und selbst gezogenen Ligusterkugeln, Zwiebelblumen, Stauden, Küchenkräuter sowie Ein- und Zweijährige. Zu den Höhepunkten dieses Teils zählen die Tulpen- und die Lilienblüte – zur Freude des Postboten.

1

18 GARTEN–STECKBRIEF

Adresse und Öffnungszeiten:
Barbara und Peter Rohde, Müdener Weg 61, 30625 Hannover (Heideviertel), Tel. 0511/575828 (8–13 und 18–21 Uhr). Besuch nach telefonischer Absprache. Teilnehmer der Aktion »Offene Pforte, Hannover«.

Größe:
Grundstück 485 Quadratmeter, davon 365 Quadratmeter Garten.

Charakter:
Reihenendhausgarten von 1970; vorderer Teil wurde 1998 umgestaltet. Ein Bereich mit Rasen, Stauden und Gehölzen; der neue Teil mit sieben rechteckigen Beetparzellen, einem Sitzplatz und einer Rückzugecke.

1 | Zwischen den alten Stängeln, die der Federmohn aus dem Vorjahr hinterließ, fühlen sich die Schachbrettblumen wohl. Sie sind bei Enten und Amseln sehr begehrt und erhalten dementsprechend ein wenig Schutz durch Fichtenreisig.

2 | Die rechteckigen, von Pflasterstegen eingerahmten Beete im vorderen Gartenteil haben eine handliche Größe. Im Juni geben sich hier – unter anderem – Rittersporn, Winter-Zwiebel *(Allium fistulosum)*, Gold-Garbe, Hybrid-Lilien, Mutterkraut, Schlaf-Mohn, Natternkopf, Schöterich und Pfennigkraut ein buntes Stelldichein.

3 | »Erntedank-Kantate« nennen die musikliebhabenden Gartenbesitzer diese Herbst-Stimmung um die Apfelquitte. Rau- und Glattblatt-Astern geben die Töne an, während silbrige Chinaschilf-Ähren die Strahlen der tief stehende Sonne einfangen.

Vorhergehende Doppelseite:
Großes Bild: Um die Apfelquitte, die aus Platzgründen einen Formschnitt erhielt, herrscht vor allem im Frühjahr ein ständiges Kommen und Gehen. Wenn sie blüht, steht sie wie in einer Wiese aus Margeriten, Kuhschelle, Nieswurz, Schleifenblume, Vergissmeinnicht, Steinkraut und Scheinmohn. **Kleines Bild:** In der Zeit bevor die Quitte austreibt lässt sie noch die Sonnenstrahlen hindurchscheinen auf einen Teppich aus Blausternchen, Puschkinien und Berg-Anemonen *(Anemone blanda)*.

RUTH UND PETER HÜBOTTER, HANNOVER-KIRCHRODE

Auge in Auge mit der Natur

Die Aussichten: wild und wellig

Wenn zwei wie Ruth und Peter Hübotter sich zusammentun, um einen Garten zu gestalten, dann kann nur etwas nicht Alltägliches dabei entstehen. Sie hatte, angeleitet von ihrer Mutter, schon früh damit angefangen, zu gärtnern, unter anderem indem sie half, eine riesige Blutbuche nach dem Vorbild der Natur zu unterpflanzen. Er war Sohn eines Gartenarchitekten und selbst Architekt. Eine viel versprechende Kombination. Das Ergebnis ist ein Grundstück, auf dem Haus und Garten eine Einheit bilden. Um einen halben Meter hat Peter Hübotter das Gebäude versenkt und den Aushub dazu verwendet, das Gelände mit sanften Wellen zu versehen. »Wir wollten das Lebensgefühl genießen, mit wachsenden Pflanzen auf einer Ebene zu sein,« sagt Ruth Hübotter. So kommt es, dass man sich heute beim Blick durch die Fenster der Wohnräume nach draußen Auge in Auge mit den Blüten der Hängepolster-Glockenblume wiederfindet – zumindest, wenn sie gerade Saison hat. Zudem ist durch die Modellierung nicht gleich alles zu überblicken. Sehr reizvoll: Was mag hinter dieser Welle oder unter jenem Baum zu entdecken sein? Fragen, die neugierig machen auf einen Rundgang, der die Antworten geben soll.

Der Garten selbst war einst der Nutzgarten von Peter Hübotters Eltern. Einige Obstbäume wurden übernommen und blieben bei der Modellierung des Geländes auf ihrem bisherigen Niveau. Etwas tiefer liegt dagegen die »Wohnkuhle« am Fuß eines Urweltmammutbaums, wo man sich am Sitzplatz mit einem Mühlstein als Tischplatte geschützt und geborgen fühlen kann. Das Architekturbüro und ein Kinder- bzw. Gästehaus teilen das Grundstück in zwei Bereiche. Beide sind von unterschiedlich hohen Gehölzen eingefasst. Und unter Haselnuss und Zierpflaume, unter Felsenbirne und Birke, da herrscht im Frühjahr ein lebendiges Treiben. »Ich bin immer wieder verblüfft, wieviel hier übereinander und nebeneinander wächst,« sagt Ruth Hübotter, deren Ziel eine möglichst naturhafte Pflanzengesellschaft war. Das ist ihr geglückt: Schneeglöckchen und wilder Krokus, Buschwindröschen und Leberblümchen, Himmelsschlüssel und Lerchensporn läuten alljährlich die neue Blütensaison ein. Gelber Hundszahn, Waldmeister, Vergissmeinnicht, der Blauregen über der Terrasse und seine Nachbarin, eine Strauch-Pfingstrosen-Wildart, führen sie fort. Zwischen den Gebäuden im Garten verläuft ein Weg in den zweiten Teil am hinteren Ende. Dort liegt, hinter einer großen Eiche und einem Apfelbaum an der tiefsten Stelle des Grundstücks, ein fast zugewachsener Teich. Vor den Gehölzen blüht die »Wildwiese«, wo sich eines Tages ganz von selbst ein Knabenkraut angesiedelt hat. »Es hat Jahre gedauert, bis es sich vermehrte,« erinnert sich Ruth Hübotter. »Jetzt sind es bereits sechs oder sieben.« Auch Hasenglöckchen, Akelei und weiß blühendes Silberblatt begeben sich auf Wanderschaft, zumindest da, wo es auch der Gärtnerin passt. Eingegriffen wird nur schonend: Um die Wurzeln ihrer Halbschattenschönheiten nicht zu stören, zieht Ruth Hübotter das Unkraut von Hand. Und, genau wie in der Natur, bleibt das fallende Herbstlaub erst einmal in den Rabatten liegen.

1

2

Nach einem solch temperamentvollen Frühling wirken Sommer und Herbst etwas ruhiger; sie sind jedoch nicht ereignislos. Rittersporn erhebt sich aus den Staudenbeeten, ebenso Päonien, Iris, Steppenkerze und Roter Sonnenhut, dazu lässt die Polyantha-Rose 'Märchenland' ihre rosa Blüten duften. Schmucklilien zieren den Garten am Haus in großen Töpfen. Herbst-Anemonen, Astern und verschiedene Gräser leiten über zum Finale. Dann wandern die Kübelpflanzen in das Gewächshaus an der schmalen Seite des Hauses und warten dort darauf, dass die ersten Frühjahrsblüher wieder in die Stube blinzeln. Aber das dauert hier ja nicht lange!

Vorhergehende Doppelseite:
Großes Bild: Hinter Bodenwellen und Kletterpflanzen scheint das Wohngebäude in der Erde zu versinken. An der »Wohnkuhle« mit dem Mühlstein wird nicht mehr gegrillt: Der Urweltmammutbaum hat seine Zweige so darüber ausgebreitet, dass man ihn versengen würde. Kleines Bild: Den Hundszahn findet Ruth Hübotter ähnlich zauberhaft wie Orchideen. Sein attraktives Laub zieht nach der Blüte ein.

1 I Ein gerader Weg führt von der Terrasse ans hintere Gartenende zur Wildwiese vor einem Apfelbaum und einer Ungarischen Eiche. Hinter dem Kinderhaus begleiten ihn zwei Staudenbeete unter anderem mit Herbst-Anemonen und Gräsern.

2 I Manchmal ist der Garten schon im Februar an einigen Stellen ganz blau von den vielen wilden Krokussen. Sie sind zum frühen Saisonstart nicht allein: Schneeglöckchen, Winterling, Märzenbecher und viele andere feiern ein rauschendes Blütenfest.

3 I Neben der Terrasse steht eine seltene Strauch-Pfingstrose *(Paeonia delavayi)* im Mittelpunkt – auch wenn sie gerade nicht ihre vielen kleinen Blüten zeigt. Der Federmohn, der im Hintergrund dem Haus über das Dach wächst, ist ein alter Bekannter, der die Familie schon lange begleitet und immer wieder gepflanzt wurde.

19 GARTEN–STECKBRIEF

Adresse und Öffnungszeiten:
Ruth und Peter Hübotter, Tessenowweg 9–11, 30559 Hannover-Kirchrode, Tel. 0511/514548. Besuch nach telefonischer Absprache möglich. Ruth und Peter Hübotter sind Initiatoren und Teilnehmer der Aktion »Die offene Pforte – Gärten in und um Hannover«.

Größe:
Gut 1000 Quadratmeter Garten.

Charakter:
Eine seit 1964 geplante und weiterentwickelte Einheit von Haus und Garten. Wellig modelliertes Grundstück mit altem Gehölzbestand, naturhafter Unterpflanzung, Wildwiese, Teich und Staudenbeeten.

3

EVA KOHLRUSCH UND FRANK MARKWALD,
KÜNSCHE BEI LÜCHOW

Ein Traum von einem Garten

Mit den Füßen auf der Erde ...

»Was macht der Wilfried nur immer bei der Eva,« wunderten sich die Bewohner des 165-Seelen-Dorfes Künsche um das Jahr 2000. Ganz einfach: Wilfried Leip erfüllte sich den Traum, ein Gärtner zu sein. Eva Kohlrusch brauchte seine Hilfe, um ihren eigenen Traum zu verwirklichen, und das war aufwändiger, als es ihr zunächst erschien. Sie hatte bereits einen Garten direkt am Haus, »meinen herrschaftlichen Garten,« wie sie sagt, 1600 Quadratmeter mit langem Blick über ein Rasenstück auf einen Hügel und auf 150 Jahre alte, von runden Hecken gerahmte Eichen. Er liegt am Rand eines Knicks, und daneben erstreckte sich, 180 Meter breit bis zum nächsten Knick, eine Pferdekoppel. Eva Kohlrusch blickte auf den Raum zwischen den zwei Gehölzreihen und »beträumte« ihn.

Sie träumte von einem Wunderland aus Kindheitserinnerungen voller Vogelgesang und flirrendem Morgenlicht, mit hohen Hecken und Gemüse wie in Opas Garten, wo man im Gras liegen und »in den Wolken Geschichten lesen« kann. Sie träumte von italienischen und französischen Renaissancegärten mit einem Hauch von Barock, von Le Nôtres Veaux le Vicomte und Sissinghurst, von der Villa Hadriana in Rom und dem Mirabellgarten in Salzburg. Bis zum Mai 1999. Da stand das Stück zwischen den Knicks zum Verkauf an. Eva Kohlrusch griff zu und konnte beginnen, aus den Bildern in ihrem Kopf und dem »Lebensgefühl vom Verwachsen mit Hecken und Himmel, von den Düften und den Farben, vom Geräusch der Brunnen und der Vögel« ihre ganz persönliche Vorstellung vom Paradies zu planen und anzupflanzen. »Cottagegärten haben mich nicht so interessiert,« sagt die Journalistin heute. »Ich wollte symmetrische Räume aus akkuraten Hecken, durch die ich hindurchschreiten kann.« Etwa 200 Zeichnungen fertigte sie an, um Ideen, Wege und Quadrate ins richtige Maß zu bringen.

Um es vorwegzunehmen: Ein Garten reichte für die Träume von Eva Kohlrusch gar nicht aus. Der Platz zum Glück schon, denn darauf konnten gleich mehrere Anlagen entstehen. Wenn man sich von der Terrasse des Wohnhauses aus durch zwei Tore in Ligusterhecken begibt, findet man sich unter einer breiten Rosenpergola wieder, die den Blick auf den Brunnengarten öffnet. Er ist eine Fantasie aus symmetrischen Buchsparterres, Licht und Wassergeräuschen. Säulenbuchenpaare ragen in den Himmel und sind bald soweit, dass man ihre Spitzen zu »romanischen Bögen« zusammenfügen kann. Dann wird sie perfekt sein, die Stimmung eines geschlossenen, mittelalterlichen Klostergangs, wo man sich sammeln kann, bevor man, wie Eva Kohlrusch es nennt, das »große Heckentheater« betritt. Eine Ahnung davon gibt es schon im Brunnengarten, denn die Seite, die an die weiteren Räume grenzt, ist mit einem Streifen purpur- und rosafarbener Rosen bepflanzt. Die Blüten und die Düfte ziehen den vom vielen Grün

1

und vom Plätschern des Wassers erfrischten Besucher des Brunnengartens an und leiten ihn zum Tor durch zwei Ligusterhecken. Ein zwei Meter breiter Weg liegt zwischen den beiden Wänden, quasi als Schleuse zur nächsten Überraschung, dem Weißen Rosengarten. Vier buchsgefasste Quadrate beiderseits der Achse sind den Rosen vorbehalten, dahinter blühen Schneeball, Katzenminze, Fingerhut und, wenn er will, Rittersporn, alle in Weiß. Steinbänke stimmen in die feierliche Sinfonie ein, aber ob sich jemand traut, sich darauf niederzulassen, ist fraglich – ihres feinen Bewuchses mit Moosen und Flechten wegen. »Die Steinmöbel waren so weiß, das hat richtig geblendet,« sagt Eva Kohlrusch. »Mit viel Mühe habe ich sie patiniert.« Wer bei all dem Gleißen die Augen ausruhen möchte, kann dies im Schatten des Blätterdachs aus zehn Schirmplatanen tun, das jenseits einer Seitenhecke des Rosengartens liegt. Wahrscheinlicher jedoch – wer wird denn jetzt schon müde sein? – zieht es einen weiter durch das Buchentor die Achse entlang in den Skulpturengarten. Noch heißt er nur so, denn die dafür vorgesehenen Kunstwerke wirkten unter den noch kleinen Kronen der acht *Catalpa* seltsam verloren wie aufgereihte Grabsteine. Also nennt Eva Kohlrusch ihn derweil den Lilablauen Garten, denn Tulpen, Zierlauch, Iris, Rittersporn und Salbei setzen im Buchs-, Liguster- und Rasengrün die Farbakzente. Rechts und links der Achse liegt je ein Rondell, rechts ein von einem nach römischem Muster geschmiedeten Gitter eingefassten Wasserbecken, links ein Buchsrondell mit strahlenförmig gepflanztem Lavendel.

1 I So sieht der erste Garten von Eva Kohlrusch aus. »Herrschaftlich«, so empfand sie, wirkt der Ausblick von ihrer Terrasse auf ein Rasenstück mit uralten Bäumen, das sie mit schräg gestellten Hecken und Formschnittpflanzen strukturierte.

2 I Der Brunnengarten ist ein grüner Raum mit symmetrisch angeordneten Buchsparterres und Säulenbuchen. Zu einer Seite wird er durch einen Streifen mit rosa und purpurfarbenen Rosen begrenzt wie 'Gertrude Jekyll' und 'The Prince'.

3 I Neben dem Platanendach liegt das große Staudenbeet mit dichten, bewusst nicht formal gestalteten »Drifts« in den Blütenfarben Rosa, Blau und Lila.

Vorhergehende Doppelseite:
Großes Bild: Für diese Aufnahme hat die eigens herbeigerufene Feuerwehr Gary Rogers in die Luft gehoben. Hinten links liegt der Wendländer Vierständer-Bauernhof, quer davor der ausgebaute ehemalige Schweinestall mit geräumigem Kornboden, von dessen Terrasse aus Eva Kohlrusch sich den Garten zwischen die Knicks träumte. Ganz vorne der Erlengrund des Verlorenen Gartens mit Laube. Dahinter, der Reihe nach, Gemüsegarten, Skulpturengarten, der Weiße Rosengarten und der Brunnengarten. Kleines Bild: Mit viel Mühe hat die Gärtnerin die zunächst allzu grell wirkenden Steinmöbel im Weißen Rosengarten patiniert: »Bestimmt 30 Mal habe ich sie mit Joghurt eingestrichen. Jetzt sind sie endlich ein wenig grün!«

1

2

20 **GARTEN–STECKBRIEF**

Adresse und Öffnungszeiten:
Eva Kohlrusch und Frank Markwald, Lucieweg 17, 29439 Künsche bei Lüchow, Tel. 0172/4122928, E-Mail: eva.kohlrusch@gmx.de, www.eva-kohlrusch.de; Mai–Oktober tägl. 10–18 Uhr; Eintritt: 2 Euro, Kinder frei

Größe:
15 000 Quadratmeter.

Charakter:
Eine seit 1999 gestaltete Abfolge verschiedener, von Hecken umschlossener Gärten mit einem grünen Rückgrat aus Liguster und Buchs, dazu viele Rosen und Blütenstauden, vor allem in den Farben Blau und Lila.

... mit dem Kopf in den Wolken

Hinter dem nächsten Heckendoppel mit Wegschleuse legte Eva Kohlrusch eine Hommage an das Paradies ihrer Kindheit an, eine Erinnerung an den Garten des Großvaters. Allerhand Beeren reifen hier, 250 Quadratmeter Spargel, außerdem Gurken, Möhren, Zwiebeln, Grünkohl (»für die Hühner«) und so viel Zucchini, dass man »das ganze Dorf damit versorgen kann«. Noch eine Wegschleuse weiter liegt der vorerst letzte gestaltete Gartenteil, der bereits eine bewegte Geschichte hat. »Das war einmal fast ein viktorianischer Garten,« erinnert sich Eva Kohlrusch. Runder Buchs wuchs dort und flache Teppiche aus blauen und lila blühenden Pflanzen, wie Rosen, Katzenminze, Salbei, Rittersporn und Storchschnabel. Dann kam die große Elbeflut. Wochenlang stand das Stück 60 Zentimeter unter Wasser. 'Rose de Resht', Duftveilchen, Schmuckerdbeere, Taglilien und Iris haben überlebt. Um sich zu trösten, widmete Eva Kohlrusch ihren »Verlorenen Garten« um in einen »Erlengrund«. Die Erlen wurden gepflanzt, und rund 400 Sibirische Iris, die sich nach der Flut rasant vermehrten, herausgestochen. Zur 'Rose de Resht' kam eine Sammlung Alter und Englischer Rosen. Um einen Teich gedeihen, rosettenförmig angelegt, Taglilien. Eher wild und naturhaft ist die Atmosphäre, zumindest im Vergleich zum »Heckentheater«. Was nicht heißen soll, dass dieses eckig und statisch daherkommt: »Die Akkuratesse der Hecken ist da,« findet Eva Kohlrusch, »aber der Eindruck, wenn man durch die Räume schreitet, ist weicher und gleitender. Bei dem riesigen Himmel hier auf dem Land hat man dann das Gefühl, mit den Füßen auf der Erde und mit dem Kopf in den Wolken zu sein. Es ist wunderbarer, als ich es mir je gedacht und geplant habe!«

Damit scheint sie nicht allein zu sein, denn so mancher Besucher, der nach dem Rundgang bei ihr auf der Terrasse ankommt, wirkt irgendwie entrückt, fast schwebend. Vielleicht auch, weil die Dimension und die Kurzweil so überwältigend sind. »Ich habe bescheiden angefangen,« sagt die Gestalterin der Gärten zwischen den Knicks. »Allerdings habe ich die Größe unterschätzt und nie gedacht, dass ich das nicht alleine schaffen kann.« Sie brauchte tatkräftige gärtnerische Hilfe in ihrem »Heckentheater«, dessen Ausmaß lange Zeit ein Geheimnis blieb, da das Grundstück von keiner Straße her einzusehen ist. Dann, eines Tages im Sommer 2000, stand das hundertjährige Jubiläum des Künscher Schützenvereins an, mit vielen Gastvereinen, für die der übliche Paradeplatz jedoch zu klein war. Eva Kohlrusch bot die Wiese am Ende ihrer Gärten an. Die Herren Schützen wanderten zwischen den Hecken des Hauptweges hindurch, staunten nicht schlecht, spielten vor Rührung einen Zapfenstreich – und erzählten ihren Frauen, welches Wunder zwischen den beiden Knicks herangewachsen war. »Dürfen wir mal gucken,« hörte Eva Kohlrusch bald darauf öfter an ihrem Gartentor. Jetzt wussten die Künscher endlich, was »der Wilfried« immer bei »der Eva« macht.

1 | Die Äste von zehn Platanen werden an Bambusstäben zum Blätterdach erzogen. Obwohl erst 2002 gepflanzt, bilden sie bereits lichten Schatten und somit einen deutlichen Kontrast zum dahinter in der Sonne gleißenden Weißen Rosengarten.

2 | Im Brunnengarten stehen »Buchensegel« und hohe Säulenbuchen, die man schon bald im oberen Bereich zu »romanischen Bögen« zusammenfügen kann: Der Gestalterin schwebt die Stimmung eines mittelalterlichen Klostergangs vor.

3 | »Von Garten verstehe ich nichts,« sagte Frank Markwald, als der »herrschaftliche« erste Garten noch im Entstehen war. »Mein Mann sagt das heute noch,« so Eva Kohlrusch, »aber heimlich lernte er hunderterlei Dinge und erzählt Gästen Geschichten – vom Ärger mit Schnecken, von der Flut, die einen Teil des Gartens fraß, von Ritterspornen und Spatzenpalavern. Manchmal auch davon, dass seine Eva ein etwas zu teures Paradies schuf...«.

MARIANNE FOERSTER, POTSDAM-BORNIM

Das Mekka der Stauden-Freunde

1

2

Kulturgeschichte zum Anfassen

»Mein Vater hat das Haus geschaffen. Ich kümmere mich jetzt um die Möbel,« beschreibt Marianne Foerster ihre Rolle bei ihrem berühmten Erbe. Es ist ein wichtiges Stück Kulturgeschichte: der Garten ihres Vaters Karl Foerster, der Pflanzenzüchter und Schriftsteller, an dessen Sorten und Büchern sich Staudenfans noch heute erfreuen. Eine bewegte Geschichte hat dieser Garten inzwischen hinter sich. Sie beginnt im Jahr 1912, als Karl Foerster das Gelände neben seinem elterlichen Wohnhaus für die gärtnerischen und züchterischen Aktivitäten zu klein wurde. Er zog auf einen Kartoffelacker in Potsdam-Bornim, ließ ein Haus darauf bauen und gestaltete den Garten in sechs thematisch unterschiedlichen Räumen: Senkgarten, Frühlingsweg, Natur- und Wohngarten mit Bergflur, Heide und Buchenwaldrand sowie einer Rasenfläche vor der Terrasse, den Kleinstaudenrabatten, Steingarten und Versuchsgarten. Letzteren sah Karl Foerster als »lebenden Katalog« für Kunden und Besucher an; ebenso als »Enttäuschungsfilter«, weil dort Stauden mehrjährigen Tests unterzogen wurden, bevor er sie für den Handel als tauglich befand. Natürlich gehen die Jahrzehnte nicht spurlos an einem Garten vorbei, auch an diesem nicht. Er ist ein Denkmal geworden. Manches ist anders, doch vieles ist noch – oder wieder – so, wie es einmal war.

Das »Filetstück«, wie Marianne Foerster ihn nennt, ist der Senkgarten. »Sunken gardens« waren gegen Ende des 19. Jahrhunderts in England beliebt. Ihre Vorteile: Die Pflanzen profitieren von einem vor Wind geschützen, warmen Mikroklima. Zudem scheint die Anlage wie eine Art Theater, dessen grüne Darsteller somit innerhalb des Grundstücks besonders hervorgehoben werden. Im Foersterschen Fall erstreckt sich der Senkgarten auf 40 mal 25 Meter zur Ostseite des Hauses. Von den oberen Stockwerken aus hat man ihn im Blick, ganz so wie ein König von seiner Beletage. Wie bei den Schlossgärten lagen darin geradlinige, symmetrisch angeordnete Beete, aber hier hören die Ähnlichkeiten schon auf, denn diese waren – natürlich – mit Stauden bepflanzt. In der Mitte lag das ovale Seerosen-Wasserbecken von achteinhalb mal vier Metern Größe, umgeben von Schwertlilien, Taglilien, Bambus, Wiesenraute und Ranunkeln. Böschungen fassten die Seiten des Senkgartens ein, der hintere Teil war terrassiert. Jeweils in der Mitte der Seiten führten Kalksteintreppen auf das normale Bodenniveau. Auf den Böschungen verliefen rundum breite Wege und, an drei Seiten, eine türkisfarbene Pergola mit Kletterrosen. Diese spielten im Senkgartentheater, im Anschluss an die Tulpen und Schwertlilien, die Blütenhauptrolle im Sommer, zusammen mit Rittersporn; im Herbst übernahmen Astern, Sonnenhut und orangerote Dahlien. In den Dreißigern wurden die Böschungen durch Trockenmauern terrassiert und die bislang wassergebundenen Wege mit rotem Sandstein befestigt.

Rittersporn und Phlox, Schwertlilien und Mohn, Blüten- und Bodendeckerstauden, Gräser, Zwiebelblumen und Gehölze bestimmten das rund ums Jahr attraktive Bild. Die Pergola ersetzte man durch eine Robinienkonstruktion. Diese hatte Anfang der Sechziger ausgedient; an ihre Stelle pflanzte man eine ein Meter hohe Buchsbaumhecke, damit der räumliche Eindruck des Senkgartens erhalten blieb. Karl Foerster wünschte sich eine bequemere Treppe am Südwestende des Senkgartens, was eine Änderung der gesamten Wegeführung nach sich zog. 1981 erklärte der Rat der Stadt Potsdam Haus und Garten zum Denkmal. Im Vorfeld der Bundesgartenschau in Potsdam 2001 wurde der Senkgarten restauriert und, ganz im Sinne von Karl Foerster, mit Phlox und Rittersporn, Rosen und Sonnenhut, Schwert- und Taglilien, Astern, Chrysanthemen und Gräsern bepflanzt.

Marianne Foerster, die nach einer Gärtnerlehre bei ihrem Vater in Schweden, in der Schweiz und in Belgien als Gartenarchitektin arbeitete, kehrte 1990 nach Potsdam-Bornim zurück. Mit Unterstützung einer Gärtnerin kümmert sie sich seither um Gestaltung und Pflege ihres Erbes. Nicht ohne dabei ihre eigenen Vorstellungen zu verfolgen. So fand sie, dass die niedrigen Buchshecken, die den Weg zum Teich säumten, viel zu gerade und starr für die unterschiedlich großen Sandsteinplatten waren. Die Hecken kamen weg, stattdessen pflanzt sie weißen Duftsteinrich, der die Kanten natürlich und lebhaft umspielt. Überhaupt kann Marianne Foerster den Einjährigen viel abgewinnen. Zu ihren Lieblingsexemplaren dieser Pflanzengruppe zählen Spinnenblume *(Cleome)*, Hohes Eisenkaut und Prachtkerze, die ihre Blüten wunderbar leicht wie impressionistische Tupfen über dem Staudengeschehen tanzen lassen. Wie ihr Vater probiert die Pflanzenkennerin gern Neues aus und stellt es dabei jedoch zusätzlich in andere Zusammenhänge. »Wer will schon zehn Schritte hintereinander dieselbe Kissen-Aster sehen,« fragt sie und legt dementsprechend ihr Augenmerk auf abwechslungsreichere Kombinationen, bei denen sich lediglich ihre aktuellen Lieblingspflanzen öfter wiederholen.

1 | Der Weg zum Teich im Senkgarten in schönster Sommerstimmung: Zwischen Gräsern und Ziersalbei, Fetthenne und Färberkamille, Astern und anderen Stauden wachsen Einjährige, wie die Spinnenblume in Rot und Rosa und der weiß blühende Duftsteinrich, der in flachen Wellen über die Wegkante schwappen darf.

2 | Wenn Sommer und Herbst sich begegnen, zeigen sich einige von Marianne Foersters Lieblingspflanzen von ihrer herausragenden Seite: links das grazile Chinaschilf 'Flamingo', vorne die lila Blütenköpfchen des Hohen Eisenkrauts *(Verbena bonariensis)* sowie die weißen »Sterne« der Prachtkerze *(Gaura lindheimeri)*.

Vorhergehende Doppelseite:
Großes Bild: So überwältigend kann der Herbst sein, wenn man ihn bei der Gestaltung nicht vergisst, einzuplanen. Japanischer und Fächer-Ahorn dominieren im Senkgarten die Szene mit ihrer leuchtenden Blattfärbung. Kleines Bild: Gräser erheben sich aus den großen Gruppen der Kissen-Astern und Fetthennen.

Ideen für sieben Jahreszeiten

Neben dem Senkgarten sind auch alle anderen Gartenteile zugänglich – und sehenswert. An der Südseite verläuft der Frühlingsweg. Auf etwa 80 Meter Länge präsentiert er umfassend, was den Garten von Februar bis Ende April schöner macht. Von Winterling, Christ- und Lenzrose, Schneestolz und Blaustern über Lerchensporn, Duftveilchen und Leberblümchen bis zu Salomonsiegel, Narzisse, Kuhschelle und Zwerg-Iris. Das schließt passende Gehölze mit ein: Immergrüne Eiben, Ilex und Wacholder sorgen für Farbtupfer, eine Trauer-Weide und eine Korkenzieher-Hasel zeigen ihren malerischen Wuchs, und Kornelkirschen, Pontische Azaleen, ein Zierapfel der Sorte 'Eleyi', eine Felsenbirne und Duftschneeball *(Viburnum carlesii)* schmücken mit ihrer frühen Blüte.

Am einen Ende des Frühlingswegs liegt sein Counterpart, das Herbstbeet. Es diente als Verbindung zum Steingarten und als Schleuse in den einstigen Versuchsgarten, wurde aber später als Parkplatz genutzt. 1997 rekonstruiert, zeigt es die Vorteile der Monate von September bis zum Beginn stärkerer Fröste. Unter zwei Exemplaren des Kugel-Ahorns, dessen Laub sich gelborange verfärbt, feiern die verschiedenen Vertreter der Herbst-Astern, Roter Sonnenhut und Chinaschilf ein buntes Gartenfinale.

Der Versuchsgarten gehört seit Anfang der sechziger Jahre zur Foerster Staudengärtnerei, die, zwischendurch einmal VEB, heute auf über 70000 Quadratmeter wieder alles anbietet, was das Herz eines jeden ambitionierten Pflanzenfreundes höher schlagen lässt. In seiner Nachbarschaft, nordwestlich des Wohnhauses, liegt der Steingarten, der mit seinen von Karl Foerster ausgetüftelten »sieben Jahreszeiten« der berühmteste seiner Art sein dürfte. Auf etwa 1000 Quadratmeter ließ der Staudenzüchter die unterschiedlichsten Formationen mit einem Graben, Kalksteinen und Findlingen anlegen, die er mit passenden Stauden bepflanzte. Bis zur Restaurierung nach alten Bildern hatte er sich ziemlich verändert – nicht nur durch den zunehmenden Schatten der heranwachsenden Gehölze. Nun blüht er sich den Hauptweg entlang hintereinander weg wieder durch seine sieben Jahreszeiten; der Vorfrühling und Frühling in der Nähe des Hauses, weiter über den Frühsommer und Sommer bis zu einer Birke und zum Frühherbst, Herbst und Winter am Ende des Weges in der Farnschlucht, unter vielen anderen mit immer- oder wintergrünen Farnen und Gräsern als Raureiffängern sowie spät blühenden Arten wie Herbst-Anemonen und -Enzianen, Herbstkrokussen und Christrosen.

Gästen stand und steht das Tor zum Foerster-Garten immer offen. Ganz gemäß der alten Tradition versteht Marianne Foerster ihn als Schau- und Lehrgarten. In diesem Sinne unterscheidet er sich natürlich von einem »richtigen« Privatgarten. Dennoch konnte man ihm guten Gewissens in diesem Buch einen berechtigten Platz einräumen. Schließlich treffen Staudenfreunde hier garantiert immer auf Gleichgesinnte. Nirgendwo sonst finden Anfänger und Fortgeschrittene so unendlich viele Anregungen für ihre eigenen Gärten und Beete, seien es einzelne Pflanzen, harmonische Kombinationen oder zündende Ideen für bislang ungelöste Situationen. »Bringen Sie einen Notizblock mit,« rät Marianne Foerster. »Etiketten zur Orientierung gibt es genug.« Und möglicherweise noch den einen oder anderen gärtnerischen Kniff mit auf den Weg. Zum Beispiel, dass man die Blüte eines Phlox verlängern kann, wenn man einige Stiele kurz vor der Ausbildung der Knospen um eine Handlang stutzt. Oder dass man die beiden stattlichen Wasserdoste rechts und links des Wegs zum Teich als Raureiffänger retten kann, obwohl sie im Spätherbst ihre Blätter fast schwarz färben – kein besonders attraktiver Anblick. An einem Tag im November sind zwei »echte« Berliner Damen zu beobachten, die sich freiwillig gegen Erfüllung ihres Pflanzenwunschzettels zum alljährlichen Ausputzen gemeldet haben und die Riesenstauden in einen herrlich transparenten, standfesten Winterschmuck verwandeln.

1

21 GARTEN–STECKBRIEF

Adresse und Öffnungszeiten:
Marianne Foerster, Am Raubfang 6, 14469 Potsdam-Bornim, Tel. 0331/520936. Täglich von 9 Uhr bis zur Dämmerung geöffnet. Führungen für Gruppen (10–30 Personen) auf Anfrage. Gärtnerei geöffnet von Frühjahr bis Spätherbst, Montag–Samstag 9 bis 19 Uhr, Sonntag 11 bis 14 Uhr.

Größe:
6000 Quadratmeter.

Charakter:
Ab 1912 angelegter und 1998 restaurierter Schau- und Lehrgarten in vier Räumen mit Senkgarten, Frühlingsweg, Herbstbeet und Steingarten.

2

3

1 | Vor der Terrasse des Hauses, die von diesem halbschattigen Weg aus hinten links liegt, erstreckt sich ein Rasenplatz mit einer Bank, deren Original aus der Zeit um 1920 stammt. Sie schmiegt sich an einen Hintergrund aus Rhododendren, die ebenso wie die Kornelkirsche vorne rechts im Beet von Karl Foersters Ehefrau Eva gepflanzt wurden. Die Früchte der Kornelkirsche schätzt Marianne Foerster ganz besonders, denn aus ihrem Saft kocht sie ein köstliches Gelee.

2 | Diese weit über 70 Jahre alte Kletterrose gehörte einmal zur Pergola. Man streitet sich darüber, ob es sich hierbei um *Rosa gallica* 'Complicata' handelt oder nicht; sicher ist dagegen, dass dies die einzige Rose im heutigen Garten ist, die Karl Foerster schon zu Lebzeiten »persönlich« gekannt hatte.

3 | »Die schönsten Wochen im Garten sind für mich die der Phloxblüte,« findet Marianne Foerster. Sicher eine »Erbanlage«, denn schon ihr Vater sagte, dass ein Gartenleben ohne Phlox kein bloßer Irrtum sei, sondern eine Versündigung gegen den Sommer. Der Duft der Hauptblüte liegt von Ende Juni bis Anfang August in der Luft, aber die Gärtnerin kennt Kniffe, um sie bis in den September zu verlängern.

CHRISTA UND DR. KONRAD NÄSER, POTSDAM-BORNIM

Gärtner und Sammler aus Passion

Pflanzenwissen aus erster Hand

Die Gartentage bei Christa und Konrad Näser sind ein Erlebnis der besonderen Art. Beide sind gelernte Gärtner, und Konrad Näser war zudem langjähriger Zuchtleiter für Stauden beim VEB Bornimer Staudenkulturen, dem einstigen Betrieb von Karl Foerster. So erfährt man ein Stück deutscher Züchtungsgeschichte. Gelebter Züchtungsgeschichte, muss man eigentlich sagen, denn die Arbeit mit Pflanzen führen die Pensionäre im eigenen Garten fort. »Was uns zufliegt, wird probiert,« schmunzelt Konrad Näser, der sein Wissen und seine Erfahrung nur zu gerne weitergibt. Ab und zu auch Pflanzen, und zwar Raritäten, die aus seinen Züchtungen und selbst entwickelten Vermehrungsmethoden hervorgehen und nun ein neues Zuhause suchen.

1

Zuallererst jedoch diente der Garten einem anderen Zweck: 1958, als die Näsers das Grundstück übernahmen, bauten sie für die Familie Kartoffeln und Gemüse an und pflanzten Obstbäume. Ein wenig davon ist bis heute übrig geblieben, vor allem das, was es »in dieser Qualität nicht zu kaufen« gibt, wie Bohnen und Erbsen. 1960 setzten sie die ersten Stauden und Gehölze, darunter Coloradotanne, Zierkirsche, Douglasie, eine Thujahecke rund herum gegen den märkischen Wind und einen der ersten Urweltmammutbäume Ostdeutschlands. Das hatte Folgen. Im Lauf der Jahrzehnte wuchsen die Bäume heran und warfen immer mehr Schatten. 1980 entschlossen sich die Näsers zu einer Umgestaltung. Aus dem Nutzgarten wurde ein Ziergarten mit geschwungenen Wegen, die zu Teichen und Staudenbeeten führen. Das »Atrium«, ein innenhofähnlicher Bereich am Haus, bekam ein Wasserbecken mit selbst gebautem Wasserspiel. Der nach Süden gelegene Gartenteil wird nun von den Gehölzen dominiert. »Die Umgestaltung war der Beginn unserer Rhododendronsammlung,« erinnert sich Konrad Näser. Nicht die einzige Kollektion der Gartenbesitzer, wie

2

man sich bei dem züchterischen Hintergrund vorstellen kann. Während die Iris-Sammlung mangels Sonne fast aufgelöst wurde, nimmt das Sortiment der Farne und Clematis zu, bei letzteren vor allem die gelb blühenden aus der Tangutica-Gruppe. Vom Steckenpferd »Liliengewächse« ist das Dreiblatt *(Trillium)* übrig geblieben. Christrosen stehen ebenso auf dem Prüfstand, und zwar neue Hybriden zwischen *Helleborus niger* und *H. argutifolius*. Die Lerchensporn-Kollektion ist umfangreicher, insbesondere sucht der Züchter nach rot und ziegelrot blühenden Varianten, die er durch weiße und gelbe Töne ergänzt.

Christa Näser haben es die Fuchsien angetan. 300 Stück besitzt sie davon, die sie fast täglich von Hand gießt. Von Mai bis Ende September sorgen sie in den schattigeren Teilen für Eleganz und Farbenpracht. Im Frühherbst ziehen sie ins Gewächshaus um, wo über den Sommer Tomaten und Gurken reifen. Daneben sind einige der wenigen verbliebenen sonnigen Stellen. Hier hat Konrad Näser seine »Wunderbeete«: »Alle eintreffenden Neuheiten und eigene Züchtungen testen wir dort erst einmal,« sagt er. »Dabei erleben wir manchmal unser Blaues Wunder – daher der Name.«

Aller Wissenschaft zum Trotz wachsen die Pflanzen hier nicht in Reih und Glied. Die Näsers gestalten ihre Beete mit Bedacht und schmücken den Garten liebevoll mit Keramiken und Naturstoffen wie Holz und Findlingssteinen aus. Das Frühjahr kommt mit Christrosen und Winterling, mit Krokus und einer kleinen Schneeglöckchensammlung, mit Lerchensporn und Wildtulpen. Sobald die Fuchsien ins Freie dürfen, entsteht ein völlig anderes, fast südländisches Gartenbild. Im Juni kommen die Kletterrosen hinzu, die die Näsers vor etwa sechs bis acht Jahren für sich entdeckt haben. 'Rosarium Uetersen', die älteste, ist schon ganz üppig, während 'Lykkefund', 'Bobbie James', 'Himalayan Musk' und 'Maria Lisa' noch dabei sind, die alten Bäume zu erobern. Edelrosen gibt es aus älteren Zeiten ein paar, darunter 'Duftwolke' und 'Gloria Dei'. Sie stehen beim Gewächshaus in der Sonne und dienen als »Straußlieferanten«. Licht liebende Stauden, so Konrad Näser, seien aufgrund des zunehmenden Schattens »rückläufig«. Monarden konnten bleiben, ein wenig Phlox und Sonnenauge, sowie, im Spätsommer, Sonnenhut, gefolgt von Astern und Chrysanthemen. Wenn die Fuchsien ihr Winterquartier bezogen haben, geben unter den Bäumen Wintergrüne, Bodendecker, Farne und Rhododendren die Stimmung vor. All dies wird, das ist den Näsers wichtig, naturgemäß bewirtschaftet. »Wir sind da fast schon Fanatiker,« sagt der Züchter. »Besonders, was Humuswirtschaft und Mulchen betrifft.« Die Nährstoffzufuhr erfolgt über Kompost, nur in Ausnahmefällen wird Mineraldünger verwendet. Dazu kommt die Regenwassernutzung. »Fast alles, was von den Dächern läuft, wird gesammelt und über Pumpen dem Garten zugeführt.« Auch was das betrifft, kann man bei Näsers also noch einiges lernen.

3

1 | Die Näsers in ihrer »rentnerangepassten« Raritäten-Minigärtnerei. Dort können sich Besucher ein Andenken an den Garten mitnehmen. Die derzeitige Spezialiät ist Dreiblatt *(Trillium)*. Da diese Pflanze nach der Aussaat lange bis zur ersten Blüte braucht, hat Konrad Näser dafür verschiedene Vermehrungsmethoden entwickelt.

2 | Geschwungene Wege führen durch den Garten, hier um einen kleinen Teich. Dieser wurde vor einiger Zeit mit Basalt eingefasst, was zum Leidwesen des Gärtners nicht sehr naturnah ist – aber notwendig, denn vorher konnten Unachtsame leicht ins Wasser treten. Frösche und Kröten finden dennoch einen Weg hinaus.

3 | Blick von der Terrasse: Am Teichrand stehen Schopflilien in Töpfen und Dachwurz in Keramikhalbkugeln. Im Hintergrund liegt der waldähnliche Bereich mit dem Bienenhaus, wo Konrad Näser seit 1989 die vom Vater geerbte Imkerei betreibt.

Vorhergehende Doppelseite:
Großes Bild: Christa Näsers Steckenpferd sind die vielen Fuchsien, die sie gern in die Beete stellt. Die Töpfe verschwinden zwischen den Stauden und sind so vor Sonne geschützt. Am Teichrand kaschiert Pfennigkraut die Folienkante. Einige Primel-Arten, Wasserminze und Schachbrettblume fühlen sich hier ebenfalls wohl.
Kleines Bild: Die Fuchsien-Hybride 'Axel of Denmark' ist eine grazile Rarität.

22 GARTEN–STECKBRIEF

Adresse und Öffnungszeiten:
Christa und Dr. Konrad Näser, Amundsenstraße 9, 14469 Potsdam-Bornim, Tel. 0331/520244. Geöffnet an vier Tagen pro Jahr. Termine in der Zeitschrift »Kraut & Rüben« oder unter www.krautundrueben.de.

Größe:
2000 Quadratmeter.

Charakter:
1960 als Selbstversorgergarten mit einigen Gehölzen und Stauden begonnen. Seit 1980 Um- und Ausgestaltung zum mehrheitlich schattigen Ziergarten. Mehrere Pflanzensammlungen und Versuchsbeete.

PETRA UND HANS JOACHIM PELZ, BIEDERITZ

Voller Mut, Kraft und Poesie

1

2

Mit starker Dynamik zum Finale

Elf Jahre musste die studierte Garten- und Landschaftsarchitektin Petra Pelz warten, bis sie endlich ihr eigenes Grundstück so gestalten konnte, wie sie es sich vorstellte. Natürlich war schon vorher einiges möglich. So verlegte Hans Joachim Pelz aus alten Granit- und Kantensteinen den geschwungenen Weg durch das 55 Meter lange Grundstück; und die Gärtnerin pflanzte allerhand Gehölze und Stauden. Doch etwas Entscheidendes musste warten: Der mit dem Grundstück übernommene Pavillon stand an der falschen Stelle. 1993 war es soweit: Das verfallene Schmuckstück wurde rekonstruiert und, etwas erhöht, an das Ende des Gartens versetzt.

Der Effekt ist verblüffend: Die Biegungen des Wegs verhindern, dass man den nur elf Meter schmalen Garten ganz überblicken kann. Hohe Stauden und Gehölze tun ihr Übriges dazu. Und ganz im Hintergrund des nun großzügiger wirkenden Grundstücks, da lockt die Spitze des Pavillons. Es kann jedoch dauern, bis man dort ankommt, und das liegt daran, dass man aus dem Staunen über das subtile Pflanzkonzept nicht mehr herauskommt. »Ich interessiere mich eher für Blattkontraste. Blüten sind zweitrangig,« sagt Petra Pelz. »Außerdem habe ich nicht viel Zeit, mich um den Garten zu kümmern. Er muss pflegeleicht sein.« Ihr Rezept: »Ich pflanze ein großflächiges Raster aus stabilen Arten, die von Frühjahr bis in den Winter gut aussehen. Punktuell setze ich Pflanzen dazwischen, wie Duftnessel oder Phlox, die eine Zeit lang schön sind und dann von standfesten Arten überwachsen werden.«

Klingt nüchtern, ist aber von atemberaubender Eleganz. Und abwechslungsreich! Zwiebelblumen, die leicht verwildern, wie Blaustern, Traubenhyazinthe, Dalmatiner Krokus und Berg-Anemone, werden nach der Blüte, wenn ihr Laub verwelkt, von Stauden und Gräsern kaschiert. Diese bilden einen dichten Teppich, der das Unkraut wirkungsvoll unterdrückt. Am Wegesrand schaffen größere Gruppen halbhoher Pflanzen, wie Woll-Ziest, Fetthenne und Storchschnabel, Flächen von unterschiedlicher Struktur. Einige rhythmisch gepflanzte Riesenstauden heben sich, vor allem im mittleren und hinteren Gartenbereich, darüber empor und verdecken zunehmend die Sicht. Durch das schnelle Wachstum entsteht eine eindrucksvolle Dynamik, die auf ein üppiges, äußerst kraftvolles Gartenbild hinausläuft. Im Herbst verwandelt sich die Stimmung in sichtbare Poesie. Die grazilen Ähren des Chinaschilfs fangen das Licht, schwingen beim leisesten Lufthauch und bringen so eine faszinierende Transparenz und Leichtigkeit in die Beete. Dazwischen die schlanken Goldruten, Wolken von zarten Asternblütensternen und die Fruchtstandknöpfchen des Schuppenkopfs. Felsenbirne, Perückenstrauch und viele der Stauden leuchten von Rotorange bis Gelb. Und wenn erst der Raureif die filigranen, aber standfesten Pflanzen verzuckert, ist der Gartenzauber perfekt.

3

1 | Ein Eindruck aus den Tagen vor der Umgestaltung, als der 1909 erbaute Pavillon an seinem alten Platz stand. Er wurde rekonstruiert und an das Ende des Gartens versetzt. Das Foto darunter zeigt, wie das Grundstück dadurch an Weite gewinnt.

2 | Neben Gehölzen wirken ausgesuchte Riesenstauden als Raumbildner. Größere Pflanzengruppen sorgen für Ruhe, wie die Fläche aus den flachen Blütenständen der Fetthenne beweist. Der Pfad wurde geschwungen angelegt, um die direkte Durchsicht zu vermeiden und den Garten nicht in zwei schmale Bänder zu teilen.

3 | Erst ganz kurz bevor die Zwiebelblumen wieder aus der Erde spitzen schneidet Petra Pelz die alten Pflanzenstängel aus dem Vorjahr bis auf den Boden zurück.

Vorhergehende Doppelseite:
Großes Bild: Wo dieser Garten seine Grenzen hat, ist kaum auszumachen. Petra Pelz »borgt« sich das Grün der Umgebung und gewinnt dadurch an Großzügigkeit. Hohe Pflanzen schaffen Räume, die man sich erwandern muss. Dabei trifft man am Wegesrand auf ein Holzdeck mit einem lauschigen Liegeplatz. Kleines Bild: Der Sonnenhut musste weichen, weil Petra Pelz gerne öfter etwas Neues ausprobiert.

23 GARTEN–STECKBRIEF

Adresse und Öffnungszeiten:
Petra und Hans Joachim Pelz, Friedrich-Engels-Straße 9, 39175 Biederitz, Tel. 0391/4025797, Internet: www.la-pelz.de. Teilnahme an der Aktion »Gartenwelten in Magdeburg«.

Größe:
Etwa 600 Quadratmeter.

Charakter:
Seit 1993 gestalteter Handtuchgarten (11 x 55 Meter) mit mehreren Sitzplätzen, Holzdeck mit Liegeplatz, restauriertem Pavillon, Rasen sowie pflegeleichter Bepflanzung aus Stauden und kleineren Gehölzen.

BEATRICE UND HEINER KNICKMANN,
BOVENDEN-EDDIGEHAUSEN

Ein Hang in bester Form

Buchsbaumgrün und Apfelrot

Normal ist das nicht für einen Reihenhausgarten: 3000 Quadratmeter Platz für grüne Fantasien! Die Knickmanns hatten Glück und konnten ihr Grundstück nach hinten hin bis zum Waldrand verlängern. Die Maße sind dementsprechend ungewöhnlich – 30 Meter Breite und gut 100 Meter Länge, das alles mit etwa 18 Prozent Steigung. Dazu kommt, dass die Sonne von November bis Februar höchstens einmal durch den dann laublosen Wald in das hauptsächlich nach Osten und nur ein wenig nach Süden gerichtete Gelände blinzelt. Im Sommer steigt sie natürlich höher, schaut aber immer nur gut halbe Tage im Garten am Hang vorbei. Nicht gerade die allerleichtesten Voraussetzungen. Doch wo ein Wille ist, ist auch ein Weg, und Beatrice Knickmann wusste, was sie wollte. »Ich hatte einen Buchsgarten im Kopf, wie ich ihn aus der Zeitschrift »Country Life« und vom Garten meines schottisch-walisischen Vaters in England her kannte,« erinnert sie sich.

1

2

Ein solcher Buchsgarten – mit persönlicher Note – ziert jetzt den Hang. Nach einem kleinen flachen Stück direkt am Haus führt die von Heiner Knickmann selbst gebaute Treppe in die Formschnittabteilung. Kugeln, Kegel und Heckenquadrate, ein Pfau und eine Sitznische mit einer weißen Bank sorgen dafür, dass man vom Wohnzimmer aus das ganze Jahr über schöne Aussichten genießt. Das ist auch nötig: Wenn andernorts bereits die Forsythien blühen, liegt der Garten der Knickmanns noch halb im Winterschlaf. Nach den Schneeglöckchen zeigen sich im März die ersten Krokusse, dann die Narzissen. Ab Mitte April/ Anfang Mai kommt die Entschädigung für die lange Wartezeit, wenn die schnurgeraden Reihen aus säulenförmigen Apfel- und Zierapfelbäumen, die den formalen Gartenteil säumen, in rosaweißer bis weißer Blüte stehen. Eine Pracht, denn zusammen mit ihren Artgenossen auf der Streuobstwiese sind es insgesamt mehr als 50 Exemplare. 'Golden Hornet', 'Professor Sprenger', 'John Downie' und 'Red Sentinel' sind der Zierde wegen hier – schließlich warten sie ja auch noch mit einer tollen Herbstfärbung auf –, von altbekannten und bewährten Sorten, wie 'Sternrenette', 'Roter Boskoop', 'Holsteiner Cox' und 'Geheimrat Oldenburg' wird auch geerntet. Nach der Apfelblüte sind die Rosen dran, die Beatrice Knickmann sehr hätschelt, damit sie sich mit den halbschattigen Bedingungen zufriedengeben. Akeleien, Frauenmantel, riesiger Fingerhut, Hortensien und Eisenhut tun sich da leichter, ebenso – zur großen Freude der Gärtnerin – der erst kürzlich entdeckte Aronstab. Der nämlich trägt knallrote Früchte, und das kommt den Knickmanns sehr entgegen: »Wir sind Herbstfans, und unser Garten sollte ein Herbstgarten sein.« Hauptsächlich Grün und Rot kommt die dritte Jahreszeit daher, und das liegt mit an dem überreichen Fruchtschmuck. Neben den Äpfeln und Zieräpfeln beteiligen daran sich ein ganzer Hang voll Rebhuhnbeeren, Berberitzen, die vielen teils panaschierten *Ilex*-Sorten, der Speierling und seine Verwandte, die Eberesche, die mit zu den Lieblingsbäumen von Beatrice Knickmann gehört. Aus zwei Gründen: Die naturverbundenen Gartenbesitzer – die im Übrigen Kompostwirtschaft betreiben und, mit Ausnahme für die Rosen und die Hortensien, keinen Kunstdünger verwenden – haben ein Herz für Tiere (von Schnecken und Wühlmäusen einmal abgesehen). Sie sollen hier reichlich Nahrung finden, von den Bienen eines Nachbarn, die auch die Befruchtung der Myriaden von Apfelblüten übernehmen, bis zu den Vögeln, die sich unter anderem an den Früchten der Eberesche freuen. Zweitens galt dieser Baum bei den Germanen als heilig, und Beatrice Knickmann, die deren Legenden sammelt, findet, dass dies ein zusätzlicher, triftiger Grund ist, ihn in ihrem Garten willkommen zu heißen. Die Vorliebe für alte Mythen erklärt vielleicht auch ihren großen Gefallen an Herbst- und Nebelstimmungen. Wenn eines Morgens Raureif den Buchsformschnitt und die roten Früchte verzuckert und bald von der Sonne in aufwabernde Wasserdampfschwaden verwandelt wird, dann würde sie diesen Augenblick am liebsten festhalten.

3

1 | »Durchgänge sind immer ein bisschen geheimnisvoll,« sagt Beatrice Knickmann und hat mit ihrem Ehemann eine besondere Variante davon erfunden: An ein Gerüst aus alten Sandsteinstelen und einer Holzkonstruktion pflanzten sie säulenförmige Zieräpfel, die im oberen Bereich zusammengebunden werden.

2 | Neben dem weißen Thron für den Rückblick zum Haus stehen links die Allegorie auf den Herbst und rechts die Allegorie auf den Winter. Hinter der Banknische beobachtet »Mr. Shakespeare«, eine ältere Replik, die Vorgänge am Hang.

3 | So eine Steigung kann durchaus vorteilhaft sein: Vom verglasten Wohnzimmer aus haben die Knickmanns das ganze Jahr über ihren Garten bestens im Blick. Ein Rahmen aus schlank wachsenden Apfelbäumen fasst den formalen Teil ein.

Vorhergehende Doppelseite:
Großes Bild: Etwa zwei Drittel des Grundstücks widmen die Knickmanns ihrer Interpretation eines formalen Gartens aus Buchsformschnitt. Fünf Hänge-Blut-Buchen betonen die Mittelachse. Im hintersten Drittel erstrecken sich eine Streuobstwiese und ein Teich mit Seerosen. Kleines Bild: Für die akkuraten Konturen ist Heiner Knickmann zuständig, der den Formschnitt komplett von Hand erledigt.

24 GARTEN–STECKBRIEF

Adresse und Öffnungszeiten:
Beatrice und Heiner Knickmann, Alte Dorfstraße 53, 37120 Bovenden-Eddigehausen, Tel. 05594/1005. Ein Besuch des Gartens ist nach telefonischer Absprache möglich.

Größe:
3000 Quadratmeter.

Charakter:
Ein seit 1986 gestalteter Hanggarten am Waldrand mit einer großen, symmetrischen Formschnittabteilung; dazu viele Früchte tragende Gewächse und halbschattenverträgliche Blütenpflanzen. Im hinteren Gartenteil liegen eine Streuobstwiese mit alten Sorten und ein Teich.

KARIN UND JÖRG GROTHE, REINSDORF

Mit Geduld zum eigenen Park

In der Hauptsache Gehölze

Es scheint, als wäre es Jörg Grothe genau anders herum gegangen als vielen, die am Anfang einer Gestaltung ihres Gartens stehen: Er hatte das Konzept bereits im Kopf – nur konnte er es nicht gleich umsetzen. Eine Art Park sollte es sein, wie Sanssouci, das er während seiner Studienjahre in Potsdam besuchte. Im kleineren Rahmen, natürlich, doch auf jeden Fall von Gehölzen dominiert. »Die machen nicht so viel Arbeit wie Gemüse,« scherzt Jörg Grothe. In Wahrheit hat er sein Herz schon früh an diese Pflanzengruppe verloren. Ihre Lebenskraft und Lebensdauer (»fast für die Ewigkeit«), ihre Wuchsformen und ihre Größe, die Blüten und Blattformen haben ihn schon immer bewegt. Fast wäre er Gärtner geworden, aber es kam anders, zunächst jedenfalls, denn er arbeitete als Deutschlehrer und als Stellvertretender Oberbürgermeister. Dann wurde er doch noch Gärtner, ganz privat, als er und seine Familie 1979 ein Grundstück mit 7500 Quadratmeter übernahmen. Ein Anfang war schon da: drei kleine Waldreviere aus Stech-Fichten *(Picea pungens)*, Eiben und Lebensbäume, ein paar Rhododendren, eine Weißdornhecke, Traubenkirschen und ein alter Fliederbestand. Die Ausgestaltung des Parks hätte beginnen können. »Doch«, so Jörg Grothe, »die Umsetzung war durch die realen Möglichkeiten des DDR-Handels stark eingeschränkt.« Mit Glück lernte er die richtigen Leute kennen und hatte »einen bescheidenen Zugang zu der Welt der Dendrologie«. Amber- und Tulpenbaum, Gurken- und Schirm-Magnolie, Blumen-Hartriegel, Strauch-Pfingstrosen und Gleditsie fanden ihren Weg in den werdenden Park. Rhododendron liebt Jörg Grothe besonders, und er machte einen Züchter aus, bei dem er sich mit altbewährten Sorten eindecken konnte. Mit der Mauer fielen die Beschaffungsschwierigkeiten. Er wurde Mitglied der Deutschen Rhododendron-Gesellschaft – und das sieht man dem Park auch an.

Der stellt sich heute folgendermaßen dar: eine große Rasenfläche mit drei Gehölzgruppen, alle von Rhododendren dominiert und mit höheren Arten hinterpflanzt – ein dunkler Hintergrund für die Blütenpracht im Mai. Vor und zwischen den Gehölzgruppen wächst alles, was »in die Natur dieses Gartens passt«. Auch von Stauden hat der Parkbesitzer Ahnung, nicht zuletzt deshalb, weil er ein Verehrer des »Staudenpapstes« Karl Foerster ist, den er noch persönlich kennen lernte. Also gedeihen hier Fingerhut und Funkien, Rodgersien und Tränendes Herz, Glockenblumen und Silberkerzen, Maiglöckchen und Japanische Anemonen. Die in den Achtzigern gepflanzten Bäumchen sind zu stattlichen Gestalten herangewachsen. Neben den Rhododendren blühen verschiedene Flieder, Deutzien, Weigelien und vieles mehr, darunter – endlich, nach 15 Jahren – der Tulpenbaum *(Liriodendron)*, dessen ersten großen Auftritt Jörg Grothe zu seinem Leidwesen vor lauter Warten verpasste, bis ihn ein Freund darauf aufmerksam machte. Das wird ihm beim zwölfjährigen Taubenbaum nicht passieren! Die Herbstfärbung konnte er schneller genießen – vieles wurde allein deswegen gepflanzt: Bunt zeigt sich die Doppelblüte *(Disanthus)*, orangerot die Scheinkamelie, rotgelborange die Federbuschsträucher, violett der Japanische Schneeball, blutrot der Tupelobaum, gelb die Zaubernuss, lilarotorange die Parrotie. Darüber der Duft des abgeworfenen Kuchenbaum-Laubs *(Cercidiphyllum japonicum)*. Überhaupt schnüffelt sich Jörg Grothe genüsslich durch das Jahr, wenn Rhododendren, Pfeifensträucher oder Kobushi-Magnolie sich von ihrer schönsten Seite zeigen. »Na,« sagen seine Nachbarn dann, »bei Ihnen blüht wohl wieder mal was!« Und wie!

Links: Die überreich blühende Strauch-Pfingstrose *Paeonia rockii* ist schon fast zwei Meter hoch.

Vorhergehende Doppelseite:
Großes Bild: Die Knap-Hill-Azaleen-Hybriden, wie 'Orange Hit' und die weiße 'Persil' mit gelber Mitte, feiern ab Mai ein Blütenfest, das Jörg Grothe wie »ein sinfonischer Rausch« vorkommt. Das liegt sicher mit an seiner Vorliebe für die Oper – daher benannte er seinen Park auch nach dem mit ihm einst befreundeten Tenor Helge Rosvaenge. **Kleines Bild:** Die spät blühende Rhododendron-Hybride 'Puccini' des Züchters Hachmann zeichnet sich durch sehr gute Winterhärte aus.

1 | Die Schirm-Magnolie *(Magnolia tripetala)* breitet ihre bis zu 60 Zentimeter langen Blätter über den Rhododendron-Hybriden 'Constanze' (l.) und 'Calsap' aus.

2 | Nach der Rhododendron-Blüte macht Jörg Grothe sich die Mühe, Verwelktes auszubrechen. Eine Woche lang fährt er bis zu zwölf Schubkarren davon zum Kompost.

3 | Hinter der roten Rhododendron-Hybride 'Erato' erstreckt sich ein Gehölzstreifen mit einer Allee aus Säulen-Ebereschen, Rhododendren und Azaleen. Rechts im Bild der Japanische Schneeball 'Mariesii'; dahinter der Pagoden-Hartriegel 'Variegata'.

25 GARTEN–STECKBRIEF

Adresse und Öffnungszeiten:
Karin und Jörg Grothe, Park Helge Rosvaenge, Am Grubenweg 14, 08141 Reinsdorf, Tel. 0375/295487. Besuch nach telefonischer Absprache. Besonders lohnenswert im Mai zur Rhododendronblüte.

Größe:
7500 Quadratmeter.

Charakter:
Ein seit 1980 gestalteter, parkähnlicher Gehölzgarten mit etwa 250 Rhododendren und Azaleen, vielen Strauch-Pfingstrosen sowie verschiedenen dendrologischen Raritäten. Die Gehölzgruppen sind möglichst naturnah unterpflanzt mit den typischen Wald- und Waldrandstauden.

3

URSULA SCHNITZKE-SPIJKER, GELNHAUSEN-HAILER

Mit einem Auge für Ästhetik

Geschulter Blick und Kreativität

Es war wohl ihr künstlerisch geschultes Auge, das bei Ursula Schnitzke-Spijker ein erstes Interesse an der Gartengestaltung weckte. 1986 war die ausgebildete Keramikerin mit ihrem Mann, Klaas Spijker, von Frankfurt auf das Familiengrundstück in Gelnhausen-Hailer gezogen, um die Spengler-Werkstatt ihres Großvaters in ein Wohnhaus umzubauen. Es fiel ihr schwer, sich mit dem im Frühjahr herrschenden Anblick der um die 800 knallroten Tulpen und den quietschgelb-orangefarbenen Osterglocken, die ihre Mutter gepflanzt hatte, anzufreunden. Das war Antrieb genug, es selbst einmal mit der Gestaltung zu versuchen.

Mit überwältigendem Erfolg: Der Garten hat sich – über mehrere Zwischenstufen – zu einem Meisterstück mit Vorbildfunktion entwickelt. Anfangs standen auf dem langgestreckten Grundstück, das auch landwirtschaftlich genutzt worden war, viele kleine Apfelbäume. Den Fuhrweg längs durch die Mitte hatte man, des hohen Grundwasserspiegels wegen, mit Schotter- und Kalkschutt aufgeschüttet. »Das plagt mich heute noch,« seufzt Ursula Schnitzke-Spijker. »Dort gedeiht einfach nichts.« Dieser Weg und drei hintereinander in Längsrichtung gepflanzte Bäume nahmen die neuen Gartenbesitzer als Grundlage für ihre Umgestaltung auf. Eine sehr behutsame Umgestaltung, denn sie scheuten sich, große Gehölze einfach wegzunehmen und das von der Mutter Geschaffene hemmungslos zur Seite zu schieben.

Es ist richtig spannend, die Entwicklungen über die Jahre zu verfolgen – die des Garten und die der Gärtnerin. »Zuallererst fing ich damit an, die Pflanzen nach meiner farblichen Ästhetik zu ordnen,« erinnert sich Ursula Schnitzke-Spijker. »Dabei habe ich schnell gemerkt, dass das nicht gut geht – man muss eben auch die Bedürfnisse der Pflanzen berücksichtigen.« Also begann sie, Bücher und Zeitschriften zu lesen, holte sich fachkundigen Rat und wurde Mitglied bei der Gesellschaft der Staudenfreunde. Anfang der Neunziger war der Garten bereits so schön, dass er bei einem Wettbewerb den zweiten Platz einheimste. Allerdings währte die Pracht immer nur über wenige Wochen, und damit gab sich Ursula Schnitzke-Spijker nicht zufrieden.

Folglich setzte sie sich zum Ziel, die Gestaltung nochmals umzukrempeln, um das ganze Jahr über schöne Aussichten zu haben. Sie nahm an Seminaren teil und ging mit ihrem Mann anlässlich von Verwandtschaftsbesuchen in den Niederlanden auf Gartenreisen. »Es war überwältigend zu sehen, was ein Privatmann schaffen kann, und es hat meinen Blick geschult,« sagt sie. Die Folgen waren ein formalerer Grundriss – und ein Ehemann, der vorher lediglich nach ihren Vorgaben etwas auf- oder umbaute, und sich nun selbst mit kreativer Begeisterung unter anderem

Pflastermuster und selbst gegossene Steine ausdachte. »Ohne ihn wäre der Garten in dieser Form gar nicht möglich gewesen,« meint Ursula Schnitzker-Spijker.

Heute blickt sie vom Küchenfenster aus durch den Wintergarten in ihre selbst entworfene Rosenpergola, die als formale Sichtachse dient. Davor, etwas nach links verschoben, steht ein alter Apfelbaum, der erste in einer Reihe von drei, die früher die Mittelachse definierten. Ein Efeu erklimmt ihn in der Erwartung, eines Tages selbst der »Baum« zu sein. Rechts neben dem Wintergarten liegt ein intimer Sitzplatz, der durch ein Hochbeet vom dahinter liegenden Gemüsegarten getrennt ist. »Die Eisenmöbel, die hier stehen, lasse ich immer draußen, weil das auch im Winter schön aussieht« sagt Ursula Schnitzke-Spijker. Gegenüber, an der anderen Gartenseite, blinken zwei Teiche in der Morgensonne. Der eine liegt etwas höher, und wegen des Gefälles konnten sie nicht zu einem verbunden werden. Ein Holzsteg dazwischen erzeugt jedoch die Illusion einer einzigen Wasserstelle. An seinem Ende steht eine Bank mit Blick über die Teiche zurück auf den Sitzplatz. Geht man auf der Rasenfläche in der Mitte des Grundstücks, die alle Gestaltungselemente miteinander verbindet, weiter, steht man unter der alten Walnuss, die ihre Äste schützend über den hinter den Teichen gelegenen Sitzplatz und die Gartenhütte ausbreitet. Gegenüber steht die Rosenpergola, die, von hier aus gesehen, den Gemüsegarten verbirgt. Er ist das große Hobby von Ursula Schnitzke-Spijkers Mutter und wurde daher nur durch Wege strukturiert.

2

1 | Früher rankte diese atemberaubende 'Bobbie James' in eine alte Pflaume. Ein Herbststurm hat den Baum geknickt. Das brachte dem Rambler ein speziell für ihn geplantes Gerüst ein. Die Gartenbesitzer sortierten seine Triebe, kappten acht Meter und ließen nach eigenen Angaben ein starkes Metallgestell bauen. Da niemand wusste, ob das gut gehen würde, pflanzten sie noch eine zweite 'Bobbie James' dazu. Die erste entwickelte sich durch den Rückschnitt allerdings noch schöner.

2 | Die selbst entworfene Rosenpergola bildet die formale Sichtachse, die Ursula Schnitzke-Spijker von ihrem Küchenfenster durch den hier im Bild gezeigten Wintergarten durchblickt. Sie begrenzt den Gemüsegarten, der hinter ihr verschwindet. 'Veilchenblau', 'Eva Schubert', 'Blush Noisette' sowie Alte Rosen beranken das Gerüst in Gesellschaft von farblich passenden Clematis aus der Viticella-Gruppe.

3 | Im Schutz des vom Großvater gepflanzten Nussbaums liegt die Gartenhütte. Da der Rasen unter dem Gehölzriesen nicht so recht wollte, legten die Gartenbesitzer einen Sitzplatz an, auf dem seither im lichten Schatten gerne Kaffee getrunken wird.

Vorhergehende Doppelseite:
Großes Bild: Der Blick zurück zum Haus. Die Blüte der Rambler 'Bobbie James' (links vorne) und 'Lykkefond' (rechts) ist so überwältigend, dass es für Ursula Schnitzke-Spijker keine Rolle spielt, dass sie »nur« einmal pro Saison stattfindet.
Kleines Bild: Rechts neben der Gartenhütte, geschickt versteckt hinter einem Zaun, befindet sich der Platz für die Kompostwirtschaft.

3

1

2

3

26 GARTEN–STECKBRIEF

Adresse und Öffnungszeiten:
Ursula Schnitzke-Spijker, Bleichstraße 16a, 63571 Gelnhausen-Hailer, Tel. 06051/61286. Besuch nach telefonischer Absprache und alljährlich an jedem zweiten Wochenende im Juni; Eintritt: 5 Euro.

Größe:
Gesamtes Grundstück: 1 500 Quadratmeter.

Charakter:
Ein seit 1986 nach und nach umgestalteter Garten mit weit über 60 Rosen fast aller Klassen, standortgerecht bepflanzten Staudenbeeten, kreativem Pflaster, zwei Teichen und mehreren Räumen mit Sitzplätzen.

4

1 | Ein bereits vorhandener Sandsteintisch und zwei passende Bänke bekamen durch vier Kugelrobinien einen definierten Gartenraum. In der Mitte steht noch der alte Apfelbaum, der als eines von drei Gehölzen früher die Mittelachse bildete.

2 | Ursprünglich wuchsen 'New Dawn' und 'Albertine' an einem Spalier, doch sie waren so starkwüchsig, dass man ihnen schließlich eine Laube als Stütze baute. Zwei lila gestrichene Metallstühle kamen zum »Ausfüllen« der Laube hinzu.

3 | Ursula Schnitzke-Spijker findet es so spannend, »was Pflanzen wollen«, dass sie es bei der Zusammenstellung von Beeten an den unterschiedlichsten Standorten von Schatten bis Steingarten zu einer wahren Meisterschaft gebracht hat.

4 | Der Gemüsegarten verschwindet, vom Garten aus gesehen, hinter der Rosenpergola. Alljährlich braucht es vier Tage, die Rosen abzuwickeln, zu schneiden und dann wieder neu aufzubinden, damit die Pergola begehbar bleibt.

»Wohnzimmer« unter Rosenblüten

Neben dem hinteren Ende des Gemüsegartens stand der zweite Mittelachsen-Baum, eine Pflaume, die ein Herbststurm in die Knie zwang. Die darin rankende 'Bobbie James' überlebte und bekam ein neues Rankgerüst aus Metall. Im letzten Gartendrittel verbreitert sich die Rasenfläche. Staudenbeete begleiten ihre Ränder in Farbklängen zwischen Blau, Rosa, Pink und Purpur, immer passend zu den vorherrschenden Standortbedingungen. Im Anschluss an den Gemüsegarten legte Ursula Schnitzke-Spijker ein Heckengeviert an. Zwischen Geviert und Grundstücksgrenze stehen Rankgerüste für Rosen und ein Apfelbaum. Ursprünglich sollte eine Magerwiese mit Margeriten entstehen, aber das erwies sich als zu schwierig und sah zudem nach der Mahd im Hochsommer »trostlos« aus. Stattdessen dient nun eine Pflasterfläche als vor Blicken geschütztes »Wohnzimmer« im Freien. Entsprechend ist es eingerichtet mit Tischen und einem Kronleuchter im Apfelbaum, der sich zudem mit 'Paul's Himalayan Musk' schmückt. Der Rambler sollte eigentlich am Spalier wachsen, hatte jedoch bestimmt, dass er den Apfelbaum als »Rankgerüst« vorzieht. Noch ein Stück weiter stand einst der dritte Baum der früheren Mittelachse, auch ein Apfel, der dem Alter nicht mehr standhalten konnte. Die zu seinen Füßen entstandene, lang gestreckte Insel mit Gräsern, Stauden und Gehölzen gibt es noch. In ihrer Nachbarschaft, am Rand der großen, von Pflasterwegen durchzogenen Beete am Gartenende, liegt noch ein Sitzplatz unter vier Kugelrobinien mit einem alten Sandsteintisch und zwei dazu passenden Bänken. Eine Hecke mit einem Durchgang bildet den Abschluss. Früher hatten die Gartenbesitzer darüber eine Aussicht auf eine Apfelplantage. Bis man ein Haus baute. Nach langer Überlegung pflanzte Ursula Schnitzke-Spijker eine Reihe immergrüner Hochstamm-Photinien, die, »wie Ausrufezeichen« zu rufen scheinen: »Das Haus bleibt draußen!«

GABI UND THOMAS HEUMANN,
WEINSTADT/BEUTELSBACH

Ein Teich im ersten Stock

Musterbeispiel mit Freizeitwert

Eigentlich ist alles wie gewohnt: Eine Terrassentüre öffnet sich zu einem Sitzplatz auf einem Holzdeck, an das sich ein schmaler Reihenhausgarten anschließt. Eigentlich. Wäre man nicht vorher von der Haustüre Stufen hinaufgelaufen – über ein ganzes Stockwerk. Wer darauf nicht gefasst ist, muss sein Gartenweltbild erst einmal wieder zurechtrücken. Natürlich gibt es eine Erklärung: Thomas Heumann leitet einen Betrieb für Garten- und Landschaftsgestaltung. Das Gebäude im Gewerbegebiet wurde entsprechend der Arbeitsabläufe und der individuellen Bedürfnisse der Familie konzipiert: unten sowie im ersten Stock Büros, oben die Wohnräume. Und auf dem Dach der Halle für das schwere Gerät und die LKW der Firma befindet sich der Garten. Er führt ein Doppelleben. Tagsüber ist er im Dienst und bietet sich als Musterbeispiel für die Kunden an. Nach Feierabend und am Wochenende ist auch er privat und gehört ganz der Familie.

In beidem ist der kleine Garten ganz groß. So strahlt das 30 Zentimeter tiefe Wasserbecken, wie Teiche zu ebener Erde, Ruhe aus. Sein hinterer Rand ist geschwungen und hat, mit Wasserfall und Kieferpaar, etwas Japanisches. Am hinteren Ende steht eine lange Holzbank, von der aus man den zweiten Gartenraum überblickt. Rechts führt der gepflasterte Gartenweg am Rasen entlang. »Wir haben hier auf zehn Zentimeter Sondersubstrat Rollrasen verlegt,« erklärt Gabi Heumann. Quer zum Gartenweg führen längliche, rechteckige Pflasterflächen in den grünen Gräserteppich. Sie könnten als reine Gestaltungselemente durchgehen, vor allem, weil am Rasenende eines jeden Streifens ein großer Terrakottakübel mit Schmucklilien steht. Tatsächlich demonstrieren hier verschiedene Pflastertypen wie in einem Bilderrahmen ihren Charakter.

An der rechten Seite bewahren Beete mit heckenartig gepflanztem Bambus und Blauregen vor einem Blick in den »Abgrund«. Gegenüber besorgen dies eine »nach der Schnur gepflanzte« Reihe Lampenputzergras vor einer Reihe Chinaschilf. Im Frühjahr, wenn die Gräser zurückgeschnitten sind, blüht dort ein Band aus roten Tulpen. Eine Ausnahme, denn Gabi Heumanns Lieblingsfarben sind Weiß und Blau. Die gibt es in diesem Garten auch mit Zwiebelblumen wie Traubenhyazinthen, mit Schwertlilien und Lavendel. Purpur passt auch ins Konzept, und das stammt von einer Reihe Schnittlauch, der die hintere Rasenkante einfasst. Dort verläuft eine Querachse, die zu einer Buchsbank führt. Diese hat sich bis dahin hinter hohen Pflanzen versteckt. »Mir ist wichtig, das es das ganze Jahr über etwas Attraktives zu sehen gibt,« sagt Thomas Heumann. Dafür gibt es hier ein Extra-Musterbeispiel: Am Gartenende stehen mehrere Reihen aus je einer Pflanzenart, die sich, wie Theaterkulissen, im Rhythmus der Jahreszeiten erheben oder hervortreten. Frauenmantel sitzt hier im Sommer in der ersten Reihe,

1

gefolgt von der immergrünen Breitblatt-Segge *(Carex plantaginea)* für den Winter. Weiterhin Palmlilien *(Yucca filamentosa)*, immergrüne Riesen-Seggen *(C. pendula)*, Kirschlorbeer und, in großen, von Efeu zugewachsenen Betonringen, Eisenholzbäume, die ganz speziell zur Zeit ihrer blutroten Herbstfärbung ins Auge fallen. Da könnte man glatt vergessen, dass man im ersten Stock unterwegs ist. Wenn nur nicht hin und wieder kleine »Erdbeben« unter den Füßen zu spüren wären. Zum Glück sind das ja bloß die Laster.

27 GARTEN–STECKBRIEF

Adresse und Öffnungszeiten:
Gabi und Thomas Heumann, Heinkelstraße 36, 71384 Weinstadt/Beutelsbach, Tel. 07151/9921120. Ein Besuch ist nach telefonischer Vereinbarung möglich.

Größe:
440 Quadratmeter.

Charakter:
Ein 1998 angelegter Dachgarten mit einem Teich, einem Wasserfall, Rasen, Musterpflaster, Kübelpflanzen, Sichtschutz-Randbepflanzung, verschiedenen Sitzplätzen und einer erhöhten privaten Terrasse.

1 | Von der Bank am Ende des »Pflastertypen-Weges« bieten sich ganz neue Perspektiven. Eine Reihe von Kübelpflanzen verdeckt die Sicht auf den Teich. Sie verbringen den Winter zu ebener Erde im Foliengewächshaus. Ein von Schnittlauch gesäumter Querweg führt zu einem weiteren Sitzplatz an der Gartenseite.

2 | Mustergültig: Die unterschiedlichen Pflastertypen hat Thomas Heumann so geschickt als Gestaltungselement in den Weg integriert, dass man sie nicht zwingend als Anschauungsobjekte für Kunden erkennt. Im Hintergrund sieht man das Gartenende, wo zu diesem Zeitpunkt die Palmlilien ihren großen Auftritt haben.

3 | Am hinteren Teichende wurde die Geradlinigkeit des Grundrisses durch geschwungene Beete und einen Wasserfall aufgelöst. Dieser läuft als Film über Natursteine und fließt in Schnüren so leise in den Teich, dass die Wasseroberfläche die in 60 Zentimeter tiefen Pflanzbecken stehenden Kiefern immer noch spiegelt.

Vorhergehende Doppelseite:
Großes Bild: Haus und Garten wurden auf die betrieblichen Abläufe und die privaten Bedürfnisse abgestimmt. Zu den Wohnräumen im oberen Stockwerk gelangt man nur durch den Garten über die Treppe. Kleines Bild: Am Ende der Treppe tut sich die »Feierabendterrasse« der Heumanns auf. Neben einigen Kübelgewächsen stehen hier große Kästen mit akkuraten Formschnittpflanzen und einem Ahorn. Vom Liegestuhl, vom benachbarten Sitzplatz und, natürlich, vom Wohnzimmer aus bietet sich auch nach Sonnenuntergang ein stimmungsvolles Bild, denn gekonnt angebrachte Beleuchtung setzt Garten und Pflanzen nächtlich in Szene.

WALTRAUD UND HANS FAHRION, NOTZINGEN

Grüne Formen und ruhige Flächen

Mit einem Faible für Formschnitt

Die Fahrions hatten ihr Haus noch gar nicht bezogen, da begannen sie bereits, den Garten anzulegen. Dass dieser einen so hohen Stellenwert hat, ist kein Wunder: Hans Fahrion interessierte sich von Berufs wegen für die Gestaltung und suchte nach Alternativen zu dem, was er damals, vor etwa 20 Jahren, im Garten- und Landschaftsbau erlebte. »Wo andere mit *Cotoneaster* gearbeitet haben, pflanzte ich Stauden, um sie besser kennenzulernen,« sagt er. Bekanntlich ist aller Anfang dornig, doch letztendlich kommt es ja darauf an, welche Schlüsse man daraus zieht. »Im ersten Jahr pflanzten wir eine Hainbuchenhecke an das Ende des Grundstücks,« erzählt Hans Fahrion. »Verrückt – sie nahm uns ja den Blick in die Landschaft weg! Also haben wir sie im zweiten Jahr wieder entfernt.« Seitdem gibt es, von der Terrasse am Haus aus gesehen, wieder ein »Fenster« als Blickachse ins weitläufige Tal.

Heute ist aus dem »Experimentierfeld« für die Kunden ein Musterbeispiel beworden. Der Garten gliedert sich in zwei Teile mit unterschiedlichem Charakter. Dem Teil am Haus und an der Terrasse liegt ein Plan mit geschwungenen Feldern zugrunde, mit einer gepflegten Rasenfläche und einem Gerüst aus immergrünem Buchs und Eiben sowie ausgewählten, Laub abwerfenden Gehölzen. Der Haus- und Gartenherr hat ein Faible für Formschnitt, und er macht damit auch vor Pflanzen nicht halt, die man sonst eher wachsen lässt. So gab er der Krone der Schlitzblättrigen Buche *(Fagus sylvatica* 'Laciniata') eine handliche, runde Form, erzog eine Felsenbirne zum Hochstamm, und der Japanische Schneeball *(Viburnum plicatum* 'Mariesii') an der Terrasse wächst auf etwa ein Meter Höhe malerisch in die Breite, damit er die Sicht und die Weite nicht nimmt, selbst wenn man am Gartentisch sitzt. »Den Schneeball habe ich von Anfang an geschnitten, und er hat gleich verstanden, was ich wollte,« schmunzelt Hans Fahrion. Zwischen den Gerüstgewächsen wird das Fazit erkennbar, das der Gärtner aus seinen Staudenexperimenten gezogen hat: »Man sollte nicht versuchen, möglichst viele verschiedene Pflanzen auf einem Fleck zu setzen. Das bringt optisch nur Unruhe.« Dementsprechend breiten sich im oberen Gartenteil größere Flächen aus einzelnen Arten aus, wie Kaukasusvergissmeinnicht *(Brunnera)*, Frauenmantel und Fetthenne. »Das Farbkonzept ist ganz wichtig,« fügt Waltraud Fahrion hinzu, und das beruht hier auf Weiß und Gelb. Im Frühjahr geben Tulpen und Narzissen diese Töne an, dazu kommt natürlich das Blau des Kaukasusvergissmeinnichts. Im Sommer übernehmen Frauenmantel, die unkomplizierten, weißen Flächenrosen 'Schneeflocke' und 'Swany', Mädchenauge, Sonnenhut sowie die Hortensie 'Annabelle' – ein bei den Fahrions aufgrund seiner Robustheit und andauernden Schönheit sehr geschätzes Gehölz. Auch der weiß blühende Sonnenhut *(Echinacea purpurea* 'Alba') wurde gepflanzt, und irgendwie hat sich die magentafarbene Form mit »eingeschlichen«. Na ja, so die Fahrions, das wäre zwar nicht der ursprüngliche Gedanke gewesen, aber sie akzeptieren das Geschenk als »gar nicht mal so schlecht«. Rosa wird es ab Spätsommer ohnehin durch die Fetthenne 'Herbstfreude'.

1

2

Das hintere Ende des am Haus liegenden Gartenteils wird von einer niedrigen Natursteinmauer gefasst. Einige Stufen führen in das gepflasterte, schattige Gartenzimmer unter 25-jährigen Platanen, deren Kronen durch Schnitt (wie auch sonst bei Scheren-Fan Hans Fahrion?) zum Schirm erzogen wurden – eine Idee, die die Eheleute aus Ascona mitbrachten. Sie schätzen das Kleinklima dieses Raums, das bei Hitze sehr viel angenehmer ist als das auf der Terrasse. Es herrscht eine ruhige Atmosphäre mit Gartenmöbeln zum Verweilen, Buchskugeln und Funkien im Kübel sowie edler Deko, die das grüne Zimmer noch wohnlicher gestaltet. Selbst wenn es zum Draußensitzen zu kühl wird, spielt das Platanendach eine Rolle: Durch punktuell gesetzte Beleuchtung setzt es den Garten in nächtliche Szene, die man von drinnen genießen kann.

1 | Hans Fahrion liebt den Umgang mit der Formschnittschere und »überredet« damit nicht nur die unterschiedlich großen Buchskugeln, sondern auch andere Gehölze wie die Schlitzblättrige Buche dazu, so zu wachsen, wie es ihm vorschwebt.

2 | Nach Fahrions Staudenphilosophie stehen Pflanzen wie der Frauenmantel in größeren Flächen. Durch diese Beschränkung entstehen ruhige Gartenbilder, wo sich das Auge ausruhen kann. Nach der Blüte wird der Frauenmantel komplett zurückgeschnitten und treibt bis zum Herbst noch einmal mit frischem Grün durch.

3 | Zwischen dem immergrünen Buchskugelgerüst wächst Sonnenhut in dreierlei Farben und die als äußerst wertvoll empfundene Hortensie 'Annabelle'. Sie ist vom Frühjahr bis in den Winter hinein attraktiv, wenn Schnee die verwelkten Blütenbälle krönt. Dahinter liegt, etwas tiefer, das Gartenzimmer unter dem Platanendach.

Vorhergehende Doppelseite:
Großes Bild: Für den Gartenteil am Haus haben die Fahrions Erde aufgeschüttet, damit er von der Terrasse aus nicht zu tief liegt. Zur Seite bildet er einen flach abfallenden Hang. Der Teich vor der Frauenmantelfläche ist fast ganz verlandet; eine Entscheidung, was damit passiert, steht noch an. Kleines Bild: Das mit Natursteinen gepflasterte Gartenzimmer unter dem Platanendach schmückt sich mit Funkien und Formschnittpflanzen im Kübel, Möbeln und allerhand Deko-Objekten.

28 GARTEN – STECKBRIEF

Adresse und Öffnungszeiten:
Waltraud und Hans Fahrion, Rosswälder Straße 28, 73274 Notzingen, Tel. 07021/46000. Besuch möglich am Tag des Offenen Gartens (Termin unter www.fahrion-garten.de) oder nach telefonischer Absprache.

Größe:
Grundstück 1400 Quadratmeter, davon ca. 1200 Quadratmeter Garten.

Charakter:
Ein seit etwa 20 Jahren gestalteter Garten auf zwei Ebenen. Der Teil am Haus hat einen Grundriss mit rundlich geschwungenen Flächen. Viel Formschnitt und flächig gepflanzte Stauden. Der zweite, etwas tiefer liegende Teil ist ein ruhiges Gartenzimmer unter Schirmplatanen.

GISELA GLUCKER UND JÜRGEN HAUFF, TÜBINGEN

Im Atelier der grünen Töne

1

2

Reduzierung auf das Wesentliche

»Das, was ich im Garten mache, ist nicht zu trennen von dem, was ich sonst tue,« sagt Gisela Glucker. »Egal, ob ich draußen Grüntöne kombiniere oder male, ob ich eine Rauminstallation aufbaue oder mit Pflanzen gestalte – der Ansatz ist immer derselbe, nur dass bei den Pflanzen noch das Wissen um ihre Standortbedürfnisse dazukommt.« Beim Blick aus ihrem Atelier ist diese Aussage unschwer nachzuvollziehen: Eine Seite des Anbaus an der Südwestseite des Wohnhauses, ein Betonkubus von neun mal drei Metern, wurde komplett verglast. Dadurch gesehen wirkt der Garten wie ein gerahmtes, durchdacht komponiertes Bild.

Das war beleibe nicht immer so. Vor etwa zwanzig Jahren bezogen Gisela Glucker und Jürgen Hauff das in den Dreißigern gebaute Siedlungshaus in Tübingen-Gartenstadt. Wie seine vielen, ursprünglich gleichen Nachbargebäude auf von Buchenhecken gerahmten Grundstücken war es einst für Selbstversorger gedacht. Das hatten die beiden Neuankömmlinge nicht hundertprozentig im Sinn, doch etwa ein Drittel der Fläche des ehemaligen Kartoffelackers widmeten sie mit Begeisterung und geplanter Fruchtfolge einem Gemüsegarten. Außerdem gab es Staudenbeete und ein Rasenstück, Kräuter und Buchshecken, Kübelpflanzen, Schnittblumen und Gehölzinseln, alles angeordnet nach einem pfiffigen Grundriss. Wunderschön und wie gewohnt, wäre man nicht hier und da doch ein wenig ins Stutzen gekommen. Was hat der heiß als »Problem-Neophyt« umstrittene Knöterich hier zu suchen? Und die Pestwurz? Gisela Glucker entdeckte sie am Wegesrand und schätzt ihre Dynamik und Kraft, ihre üppige Wirkung. Auch die kleinen Wasserstellen in einer Kiesfläche im Vorgarten sowie den Teich ganz ohne Pflanzen an der Terrasse – buchstäblich ein Wasser-Spiegel –, das sieht man in Deutschland nicht alle Tage.

Vorboten einer anderen Zeit. Die begann vor vier Jahren. Das am Haus »angedockte« Gewächshaus verpflanzten die Gartenbesitzer an das Grundstücksende. An seiner Stelle entstand das Atelier; davor ein völlig neues Gartenbild. »Früher haben wir Pflanzen gesammelt. Nun war ich gesättigt und fand es spannender, mich, wie in meiner Arbeit, auf das Wesentliche zu konzentrieren. Mein Ziel war ein architektonischer Garten, eine begehbare Rauminstallation mit klaren Strukturen und einem strengeren Farbkonzept,« erläutert Gisela Glucker. Statt einer Wasserstelle erstreckt sich heute vor dem Atelier ein Kiessee (»das Meditative entspricht mir mehr als viele Details«) mit Pflanzen-Inseln, die, zusammen mit der aus immergrünen und Laub abwerfenden Gehölzen bestehenden Grundstückseinfassung, eine Kulisse für Gisela Gluckers Objekte abgeben. Und was für eine! Nach allen Regeln der Kunst beruht ihr Charakter auf zwei optischen Tricks. Erstens: die Perspektive. Am Rand der Kiesfläche öffnet sich eine Blickachse durch zwei Raumscheiben aus Beton und eine Reihe Buchsheckchen. Sie laufen nach hinten zu minimal zusammen – für mehr Raumwirkung. Zweitens: das Farbkonzept. »Anders als früher interessiere ich mich nur wenig für Blüten, eher für das Grün in allen seinen Stufen, auch weiß oder gelb panaschiert,« erläutert die Künstlerin. »Außerdem für die Blattformen, von schmal und lanzettlich bis hin zu groß und rund.« Um dem Garten mehr Tiefe zu verleihen, pflanzt sie also gelbgrüne Gewächse in den Vordergrund, mittelgrüne in die Mitte und blaugrüne in den Hintergrund. Punktuell setzt Gisela Glucker Akzente mit Ultramarin – ein Blauton, der Rotanteile enthält und daher einerseits das Atmosphärische und die Weite seiner direkten Nachbarn auf der Farbskala besitzt, andererseits aber auch Wärme ausstrahlt. Ultramarin schwebt nun die Gruppe »Rondo« aus altem Holz und Stahl in einer Reihe, ultramarin sind die Zeichnungen der »Astro«-Stelen, der Rand des Ateliers, die Innenseiten der Raumscheiben und der Glassplitt-Hügel auf der Kiesfläche. Subtile Spannung schwingt zwischen den Formen, dem Grün und dem Blau. Dagegen steht die vollkommene Ausgewogenheit der gesamten Komposition. Was für eine Wohltat!

29 GARTEN–STECKBRIEF

Adresse und Öffnungszeiten:
Gisela Glucker und Jürgen Hauff, Füllmaurerstraße 20, 72072 Tübingen, Tel. 07071/78450. Geöffnet alljährlich im Juni zum »Kunst- und Gartentag«; Termine unter www.GiselaGlucker.de.

Größe:
Grundstück 430 Quadratmeter, davon 300 Quadratmeter Garten.

Charakter:
Vor zwanzig Jahren Schritt für Schritt gestalteter Garten. Umgestaltung vor vier Jahren nach künstlerischem Konzept; dabei wurden, wie bei der ersten Gestaltung, alte Materialien aus dem Garten wieder verwendet.

1 | Gunnera, Pestwurz und Knöterich am Rasenrand, ein pflanzenloser »Kiesteich« – auch vor der Umgestaltung trug der Garten bereits ungewöhnliche Züge.

2 | Kübelpflanzen hat Gisela Glucker früher »alle gebraucht«. Heute beschränkt sie sich auf drei, vier Arten, aber davon gibt es jeweils viele. Im Herbst ziehen sie ins Gewächshaus und lassen gerade noch so viel Platz, dass die Gartenbesitzer auch noch hineinpassen – ein »Winterwohnzimmer« mit gutem Duft und guter Luft.

Vorhergehende Doppelseite:
Großes Bild: Die riesigen Ahornbäume stehen jenseits der Gartengrenze, wirken aber, als ob sie noch dazugehörten und binden somit das Grundstück in die Landschaft ein. Kleines Bild: Die Buchsheckchen sind ein Zitat aus dem früheren Gemüsegarten, an den auch das Hochbeet mit Kopfsalat erinnert. Den findet Gisela Glucker so schön »wie gemalt« und bringt es kaum übers Herz, ihn zu ernten.

GISELA UND WOLFGANG HECKING, MOOS-WEILER

Zu zweit einfach doppelt so gut

Kunststücke mit Herz und Hirn

Seltsam. Warum steckt der Baum verkehrt herum in der Erde? Und was machen die Scheren an der Mistgabel im Beet? Wenn Gartenbesucher wieder einmal vor solchen Anblicken die Stirn runzeln, kichert sich Wolfgang Hecking ins Fäustchen. Nachdenken ist erwünscht, aber Antworten gibt er auch. So ist die Mistgabel, die zudem am Stiel eine Sitzstange für Vögel besitzt, eine Warnung an die hiesigen »Gourmetschnecken« (die nämlich die teuerste Iris immer zuerst abfressen). Die Objekte des Hausherrn mögen Rätsel aufgeben, doch sie fügen sich stets optisch und thematisch in den Garten ein. Dieser ist ein Kunststück für sich, und das hat er in erster Linie Gisela Hecking zu verdanken, der Pflanzenkennerin, die aus relativ wenig Platz unglaublich viel herausholt. »Wir brauchten viele Immergrüne und gemischte Gehölze, einerseits als ansehnliches Gerüst, andererseits sollen sie aber auch das ganze Jahr über etwas zum Schneiden hergeben,« beschreibt Gisela Hecking, unter anderem eine ambitionierte Floristin, die Anfangs-Wünsche an den Garten. Wichtig war den Mittelmeer-Fans zudem eine mediterran angehauchte Atmosphäre, ein für den kleinen Raum stimmiges Farbkonzept in Blau, Weiß, Grün und Grau und dass sich der Garten in die Landschaft einfügt. Eine Herausforderung, denn das Gelände neigt sich mit einem Gefälle von gut 9 Prozent leicht nach Südwesten.

Und so sieht die Heckingsche Lösung aus: Der Aushub des Hauses ist nun ein Wall um den Garten. Große Sträucher und Bäume bilden das Grundgerüst, wie die alte Birne, die schon vor den Heckings hier war, wie Kirschlorbeer und Eisenholzbaum, wie Felsenbirne und Apfelbeere mit ihren Früchten, wie der rote Perückenstrauch und die Esskastanien. Sie schützen zudem vor Westwind und erfreuen durch herbstliche Laubfärbung. Unterschiedliche Höhen, Tiefen und Treppchen sorgen für Spannung und Räumlichkeit. »Bei uns muss man immer laufen, um den Garten komplett zu sehen,« schmunzelt Gisela Hecking. Sie liebt winterharten *Agapanthus*, Hortensien, und, ihre neue Leidenschaft, die Strauch-Pfingstrosen *(Paeonia rockii)*, wovon sie schon sieben Exemplare hat, pflanzt Kräuter, wie provenzalischen Thymian, Salbei, Fenchel und Heiligenkraut zwischen Iris, Katzenminze und Glockenblumen sowie Bärlauch zwischen Halbschattengewächse. Etwas Rosa erlaubt sie einigen Rosen und den Stauden-Pfingstrosen, auf die sie einfach nicht verzichten konnte, sowie der Fetthenne im Herbst. Blütenfarben, die sie für ihre Sträuße oder Rosengelee braucht, im Garten aber nicht duldet, hat sie kurzerhand ausquartiert. An die sonnige Außenseite des Walls zum einen (»dann haben auch die Wanderer, die hier vorbeikommen, etwas zu sehen«), zum anderen auf einem gepachteten Grundstück nahe beim Haus, wo allerhand Blumen auf ihre Schnittreife hinwachsen. Zwischen den Pflanzen am Terrassenrand nutzt Wolfgang Hecking das Gefälle auf seine Weise: Er legte einen Bachlauf an, der als Wasserfilm in Richtung Teich fließt. Ganz langsam, damit die Insekten in Ruhe ihren Durst stillen können. Seiner Aversion gegen Nacktschnecken zum Trotz: Er ist ein echter Tierfreund!

1

2

30 GARTEN–STECKBRIEF

Adresse und Öffnungszeiten:
Gisela und Wolfgang Hecking, Am Vogelsang 4, 78345 Moos-Weiler (am Bodensee), Tel. 07732/972518. Ein Besuch des Gartens ist von Anfang Mai bis Ende September nach telefonischer Absprache möglich.

Größe:
Grundstück 775 Quadratmeter, davon gut die Hälfte Garten.

Charakter:
Ein seit 1983 gestalteter Garten mit etwas Gefälle, einem Bachlauf und einem Teich. Bei den Pflanzenkombinationen spielen neben der Gestaltung noch die kulinarischen und floristischen Aspekte eine Rolle.

3

1 | Die »Schwarzen Blumen« zeigen schon im Vorgarten, dass man hier auf Überraschungen gefasst sein sollte. Wolfgang Hecking hat sie aus durch Hitze verformten Schallplatten, Aluscheiben und Eisenstangen aufblühen lassen.

2 | Der Garten wird Künstlern gern als Galerie angeboten. Zur Zeit von Gary Rogers' Besuch steckten gerade Arbeiten aus mit Schneckenhäusern gekrönten Stanzformen für chirurgische Instrumente in einem Sprungfeder-Bettrahmen.

3 | Sitzplätze wandern im Garten immer dahin, »wo wir sie gerade brauchen«. Die Möbel stammen oft vom Flohmarkt. Im Vordergrund blühen dreierlei verschiedene Pfingstrosen und Pfirsichblättrige Glockenblumen in Weiß und Blau.

4 | Abwechslungsreiche, oft mit alten Materialien gestaltete Wege führen durch die Höhen und Tiefen des Gartens. Die Buchseinfassung des hinteren Beets legte Gisela Hecking an, um den Boden, der leicht hangabwärts ins Rutschen kam, zu sichern. Später zog sie einen zweiten, etwas tiefer gelegenen Buchsrahmen aus Stecklingen, der nun das *Agapanthus*-Beet mit der »Nacktschneckenmistgabel« umgibt.

Vorhergehende Doppelseite:
Großes Bild: Die hohen Gehölze schaffen zunehmend Raum für Schattenpflanzen wie Funkien, Fingerhut und Geißbart. Dennoch bleiben genügend sonnige Flächen, zum Beispiel für die Kletterrose 'Compassion' an der Terrasse. Kleines Bild: Moderlieschen und Amphibien im Teich schützt Wolfgang Hecking vor Wildenten mit einem Anflughindernis aus Bambusstäben, die er in einen alten Holzbalken steckte – und machte so aus der Not einmal mehr ein Objekt mit ganz eigenem Reiz.

4

ANNEMARIE UND DIETMAR DAVIDSOHN, WANGEN

Leben unter Palmen im Allgäu

Im Wangener »Palmengarten«

1

2

»Ich habe es gern exotisch – dummerweise wohne ich im Allgäu,« scherzt Dietmar Davidsohn. Seiner Aussage zum Trotz ist es an der Terrassentüre nur ein Schritt bis in die gefühlten Tropen: Von den Geflechtmöbeln angefangen über die Orchidee auf dem Tisch und den Hibiskus im Kübel bis zur verblüffend großen Keulenlilie *(Cordyline australis)* im Garten hat der »Palmenfreak«, wie er sich selber nennt, alles darauf abgestimmt, dass Fernweh hier kaum eine Chance hat, zumindest nicht über die wärmere Jahreshälfte.

Wer Dietmar Davidsohn kennt , hätte ahnen können, was auf dessen Garten zukommt – auch, wenn darin in den ersten Jahren nur Rasen und Gemüse wuchsen. Zu der Zeit galt sein Interesse noch den Kakteen, die er schon als Kind sammelte. »Dann habe ich mit Palmen angefangen,« erinnert sich der Tropenfan. Das war's für die Kakteen, die er schließlich auf einen Schlag verkaufte. Neben verschiedenen Palmen-Arten fanden weitere Kübelpflanzen den Weg in den Garten, wie Fuchsien, Engelstrompeten, Oleander und Wandelröschen. Kürzlich brachte er aus Bali, neben einer Wischnu-Steinskulptur, Frangipani-Nachwuchs in allen Farben mit – bei uns kaum zu bekommen. In diesem Fall war die Einfuhr glatt gelaufen. Da hat Dietmar Davidsohn schon anderes erlebt: »Am Flughafen erlaubte man uns einmal zwar, die Pflanzen mitzunehmen, aber nicht die Erde. Also mussten wir diese von den Wurzeln herunterschütteln – und haben in der Abflughalle einen ziemlichen Dreck hinterlassen.« In Wangen angekommen, werden nur einige Pflanzen im Kübel kultiviert, die meisten jedoch einfach ausgepflanzt. Jedes Jahr ein bisschen anders – nicht alles hat hier seinen festen Platz. Wenn die ersten Fröste drohen, gräbt der Exotenliebhaber, unter tatkräftiger Unterstützung durch Frau Annemarie und die erwachsenen Söhne Felix und Viktor, die noch handlichen Exemplare wieder aus. Sie werden in das etwa 18 Quadratmeter große Gewächshaus verfrachtet. Was dem entwachsen ist, bekommt einen eigenen Frostschutz aus Latten und Noppenfolie. Bei der Gruppe aus Bananen, Keulenlilie, Hanf- und Phönixpalme war das nicht mehr so einfach: Die Keulenlilie misst aktuell sieben Meter. »Die kann ich zwar zurückschneiden, aber die Hanfpalme daneben ist bald ebenso groß,« sagt Dietmar Davidsohn, der nun eine bequemere Winterschutzlösung gefunden hat: Seit einigen Jahren besitzt er ein gebrauchtes Baugerüst, das er mit Familie und den Freunden Hans Blask und Ralf Jajes im Herbst in einer dreitägigen Aktion um die Gruppe aufbaut und mit Noppenfolie überzieht.

Unter solchen Bedingungen fühlen sich die Exoten sichtlich wohl. Bei den ausgepflanzten Gewächsen hält sich der Befall mit Schädlingen oder Krankheiten in Grenzen. Die Zitronen und Mandarinen werfen sogar eine reiche Ernte ab. Nicht ganz so robust geben sich die im Kübel kultivierten Pflanzen, die schon einmal mit Spinnmilben oder Schildläusen zu kämpfen haben. Dietmar Davidsohn hält diese mit biologischen Mitteln in Schach, meist reicht es aus, die Schädlinge mit hohem Druck von den Blättern zu spritzen. Die eingewachsenen Sonnenanbeter erhalten von ihm im Sommer regelmäßig etwas Kuhmist, die Topfgewächse versorgt er über die Wachstumsperiode mit einem »ganz normalen« Flüssigdünger.

Um die exotische Atmosphäre seines Gartens stimmig zu ergänzen, wählte Dietmar Davidsohn winterharte Pflanzen mit entsprechender Ausstrahlung: großlaubige Funkien, eine *Catalpa*, Rosmarin, Rhododendren und, natürlich, eine Magnolie. Die Nachbarn der fünf angrenzenden Grundstücke finden diese Aussichten herrlich und hören oft von ihren Besuchern: »Ihr habt's gut!« Ihr seid immer im Urlaub, soll das heißen, und bei den Davidsohns ist das beinahe so. Im Sommer genießen sie ihre persönlichen Tropen zu Hause im eigenen Garten. Und im Winter machen sie tatsächlich Urlaub – am liebsten in den Tropen. Mal sehen, was der Allgäuer Pflanzenjäger das nächste Mal auf seiner Fernreise »erbeutet«.

3

1 | Die »große Gruppe«, wie Dietmar Davidsohn sagt, trägt ihren Namen doppelt zu Recht: Bananen, die bereits sieben Meter messende Keulenlilie *(Cordyline australis)* und die mit Mandarinen unterpflanzte Hanfpalme *(Trachycarpus)* ergeben mittlerweile sowohl in der Höhe als auch in der Breite ein eindrucksvolles Bild.

2 | Im Winter verschwindet die Gruppe von Bild 1 unter einem Gewächshaus aus Noppenfolie. Ein Frostwächter sorgt dafür, das höchstens so geringe Minusgrade auftreten, dass die Exoten sie unbeschadet überstehen können. Dietmar Davidsohn hält die Wurzelballen der dazugeräumten Kübelpflanzen gerade eben etwas feucht.

3 | Tropische Gefühle kommen auf der Terrasse mit »Blauregenhimmel« auf: Neben der Kentiapalme *(Howea*, links), die lieber im Schatten steht, genießt man die Aussicht auf Bananen und andere Kübelpflanzen im Garten.

Vorhergehende Doppelseite:
Großes Bild: Durch ihr luxuriös großes Laub ergänzt eine mit Funkien unterpflanzte *Catalpa* das exotische Flair des »Palmengartens« im Allgäu. Hier kommt alles zusammen, was die Tropen ausmacht: ein Hauch von Asien durch Bonsai und den Tempel-Look der Terrassensäulen, Südseeblüten und Palmenwedel. **Kleines Bild:** Auch der kleine Ton-Buddha trägt maßgeblich zur Anti-Fernweh-Stimmung bei.

31 GARTEN–STECKBRIEF

Adresse und Öffnungszeiten:
Annemarie und Dietmar Davidsohn, Wittwaisstraße 40, 88239 Wangen, Tel. 07522/5267. Ein Besuch des Gartens ist von Juli bis September nach telefonischer Absprache möglich.

Größe:
Grundstück 500 Quadratmeter, davon Garten ca. 400 Quadratmeter.

Charakter:
Vor 23 Jahren wurde der Garten zunächst mit Rasen und Gemüse angelegt. Einige Zeit später begann Dietmar Davidsohn damit, Palmen, Bananen und andere Kübelgewächse auszupflanzen, die im Gewächshaus oder in alljährlich aufgebauten Folienhäusern überwintern.

GISELA HAIDACHER, MAISACH

Die große Liebe zu Alten Rosen

Im Wandel der Lebensumstände

Wenn Rosen »nur« einmal blühen, ist das für Gisela Haidacher noch lange kein Argument, diese nicht zu pflanzen. »Rhododendren blühen auch nur einmal,« so beginnt ihr Plädoyer für die Historischen Sorten, »und danach sehen sie langweilig aus. Alte Rosen dagegen sind wunderschön und duften, manche blühen schon Ende Mai, die spätesten im August; 'Stanwell Perpetual' zuweilen sogar bis in den November. Bei einigen Sorten, wie bei 'Félicité et Perpétué', bleibt das Laub lange haften, andere haben eine attraktive Herbstfärbung.« Wer möchte da widersprechen?

Eine relativ neue Liebe sind sie, die Alten Rosen. »In England heißt es, ein Garten verändere sich alle zehn Jahre, weil sich dann die Lebensumstände ändern,« sagt Gisela Haidacher. »So ist es auch bei mir.« Als die Haidachers in das alte Bauernhaus zogen, brauchten ihre zwei Buben zuerst einmal einen Fußballrasen. Als der ausgedient hatte, zierte den Garten in der Mitte ein großes bauerngartenähnliches Wegekreuz mit Gemüse- und gekonnt kombinierten Staudenbeeten. Vor gut zwölf Jahren beschloss Gisela Haidacher dann, dass ihr Garten pflegeleichter werden sollte. Demzufolge wurden die Stauden weniger, zugunsten der Alten Rosen. Auf dem Gartenteil hinter dem Haus stehen nun zwanzig Solitärs Historischer Sorten – so haben die großen, oft bogig überhängenden Sträucher Platz, um sich ihrem Wuchscharakter entsprechen entfalten zu können, wie die rahmweiß mit karminrosa Rand blühende 'Hebe's Lip', die hellrosa Remontant-Rose 'John Hopper' sowie die rosaweiß gestreifte Bourbon-Rose 'Commandant Beaurepaire'. Wer sich von ihren nostalgischen, oft stark duftenden Blüten losreißen kann und das lang gestreckte Grundstück weiter nach hinten läuft, trifft auf einen alten Apfel- und einen alten Birnbaum, die schon vor den Haidachers hier waren. Darauf folgt ein breites, leicht bogenförmiges Beet mit den Stauden, die Gisela Haidacher behalten hat. Sie bevorzugt die Farben Rosa, Blau, Lila und Weiß. Jedes Jahr wird notiert, was in der folgenden Saison woanders wachsen soll, zum Beispiel welche Pflanze vor den Rittersporn passt und seine Blührolle übernimmt, sobald man ihn zum Remontieren zurückschneidet. Neben der Beobachtungsgabe gehört noch etwas zu ihrem Erfolgsrezept: » Man muss auch einmal den Mut haben, etwas zu entfernen, was sich an dieser Stelle nicht gut entwickelt.«

Hinter dem Staudenbeet schmiegt sich ein Streifen mit Gemüse und Beerenobst an. Hier reifen unter anderem Salat, Rauke, Basilikum, Möhren, Bohnen, Brokkoli, Pastinaken, Sellerie, Lauch und Zwiebeln. Auch das benachbarte Gewächshaus ist dem Gemüse vorbehalten: erst Salaten, dann Tomaten, Gurken und Paprika. Im Winter wächst dort Feldsalat, außerdem werden darin Rüben eingemietet. Hinter dem Beetedoppel steht eine Buchenhecke von

1

1,40 Meter Höhe, die als ruhiger Hintergrund für die Stauden dient. Darauf folgt ein weiterer, gebogener Streifen mit früh blühenden Rosen wie den Moyesii-Hybriden 'Geranium' und 'Nevada' sowie *Rosa canina* 'Kiese'. Im hinteren Gartenteil sorgt ein Wäldchen aus Bäumen und Sträuchern für Herbstfarbe mit Felsenbirne, Rot-Eiche, Mammutbaum, Feuer-Ahorn und Ginkgos. Buche, Lärche, Erle, Eberesche und Birke bilden als Windschutz den Abschluss. Ein perfekter Platz für den naturnahen Teich, der bei Fröschen und Molchen beliebt ist. Überhaupt – die Tiere: Zum Westen hin schützt eine Hecke aus heimischen Gehölzen vor dem kalten Wind. Sie hat eine angenehme Nebenwirkung als Vogelparadies – zur großen Freude der Gartenbesitzer.

32 GARTEN–STECKBRIEF

Adresse und Öffnungszeiten:
Gisela Haidacher, Stefansberger Straße 11, 82216 Maisach, Tel. 08135/1215. Besuch des Gartens nach telefonischer Absprache; besonders lohnend von Anfang Juni bis Ende August.

Größe:
Grundstück mit 3000 Quadratmeter.

Charakter:
Dies ist bereits die dritte Version des vor etwa 30 Jahren übernommenen Gartens. Alte und einmal blühende Rosensorten dominieren, dazu kommt ein Beetstreifen mit Stauden, einer mit Gemüse und Beeren und eine Windschutzhecke sowie Gehölze für die Herbstfärbung.

Vorhergehende Doppelseite:
Großes Bild: Solch ein Vorgarten ist der Traum eines jeden Rosenliebhabers! Den vorderen Bogen erklimmt die Sorte 'Dortmund', die als Blühpartnerin die Strauchrose 'Mozart' (links) bekam, weil diese auch ein weißes Auge hat. Am zweiten Bogen wächst von rechts 'New Dawn', von links eine farblich passende Clematis. **Kleines Bild:** Die Bourbon-Hybride 'Zigeunerknabe' (l.) sowie die Zentifolie 'Paul Ricault' stehen neben anderen Alten Rosen im Hauptgarten als Solitärs.

1 | Gisela Haidacher liebt stimmungsvolle Farbklänge, wie sie durch die Gegenüberstellung der tief dunkelroten Blüten der Bourbon-Rose 'Vivid' mit den langen purpurvioletten Büscheln des Schmalblättrigen Sommerflieders zustande kommen.

2 | Im Staudenbeet blühen unter anderem Rittersporn-Sorten in verschiedenen Blautönen. Dahinter die Windschutzhecke nach Westen aus heimischen Gehölzen.

3 | Hier zeigt sich die hohe Kunst der Staudenkombination: Pflanzen mit unterschiedlichen Blütenformen und Blühzeiten bilden die Basis. Rittersporn und Fingerhut setzen im hinteren und im mittleren Bereich vertikale Akzente. Taglilien und Fetthenne schmücken schon vor der Blüte mit attraktivem Laub.

GERHARD UND HEIDI HAIMERL, MARZLING

Spaß an der Natur des Hangs

1

2

Erlebnisse auf halber Höhe

Alltäglich ist das nicht: Der Garten der Haimerls liegt auf einer 150 Meter langen »Hügelzunge« mit Hängen nach Osten und Westen und einer Kuppe im Süden. So originell die Topografie, so originell die Lösung: Gerhard Haimerl legte einen Weg an, der auf halber Höhe – mal etwas hinauf, mal etwas hinunter – um den Hügel führt und in jeder Himmelsrichtung eine neue Attraktion bietet. Die Expedition startet an der Terrasse und verläuft zwischen zwei Staudenbeeten an einem naturnahen Weiher vorbei am Osthang entlang. »Hier habe ich mit der Gestaltung des Gartens angefangen,« sagt Gerhard Haimerl, und man erkennt gleich den Biologen: »Ich wollte eine Gehölzsammlung, die zum Standort und von der Botanik her passt.« Er entschied sich für Ostasiaten – mit ein paar »eingeschmuggelten« Amerikanern. Das Ergebnis sieht bislang so aus: Der Weg wird zum »Magnolia Walk«, dessen Vollendung sich durch Rehbock und Frost verzögert: Sie machen den Magnolien zu schaffen und manchmal auch den Garaus. Vom fernöstlich angehauchten Pavillon hat man einen Ausblick auf 70 Rhododendren, Kiefern, einen Bambushain, einen vor fast 30 Jahren aus einem Samen gezogenen und nun zwölf Meter hohen Mammutbaum (der Amerikaner!) sowie auf eine wachsende Sammlung asiatischer Zierkirschen.

Am Südostende der Hügelzunge etablierte sich von Natur aus eine artenreiche Halbtrockenwiese. »Die ist im Juni ein Traum,« schwärmt Gerhard Haimerl. »Wie das blüht und duftet!« Einmal im Jahr wird sie möglichst spät gemäht, um die noch im Oktober aktiven Zauneidechsen zu schonen. Auf der Kuppe der Hügelzunge liegt eine uhrglasförmige Kuhle, die entstand, weil der Vorbesitzer dort Sand entnahm. Sie durfte bleiben – als Feuerstelle. Das Stück am Südwesthang überließ Gerhard Haimerl sich selbst. Aus einer Fläche mit Heidekraut und einem Weißdorn ist ein »schöner Bosketto« geworden, ein Eichenwäldchen, mit einem im Sommer angenehm kühlen Weg. Dieser mündet in eine Streuobstwiese, wo alles reift, was das Gärtnerherz – und die Vögel – begehren. Sie war das Einzige, was die Haimerls an »gestaltetem« Garten beim Einzug vorfanden und als typisches Landschaftselement behielten. Zurück an der Terrasse zeigt der Garten sein zweites Gesicht: Kübelpflanzen, wie Erdbeerbaum und Bauhinie, Zitrus und Oleander, lassen südliches Flair aufkommen. Eine Hanfpalme und eine Akazie stehen ausgepflanzt im Garten. Während letztere dem hiesigen Klima trotzt, verschwindet die Hanfpalme im Herbst unter dem »Campanile«, einem mit einem Frostwächter ausgestatteten und mit Noppenfolie bespannten Holzgestell mit Pyramiden-Spitze. Neben der Terrasse steht ein Wintergarten, dessen Bezeichnung wörtlich zu nehmen ist: Er dient keineswegs als »verlängertes Wohnzimmer«, sondern als Tropen- und Subtropenhaus mit üppiger Bepflanzung. So ist das eben bei Haimerls: nicht alltäglich.

1 | **Der etwa 70 Quadratmeter große Weiher dient als ruhiges Gartenelement und als Ort, an dem sich Kröten, Frösche und Ringelnattern vermehren können. Vor etwa 20 Jahren fand die Tochter, dass er auch einen prima Schwimmteich abgibt.**

2 | **Auf dem Staudenbeet unter der Walnuss ist der Boden recht trocken. Dementsprechend gedeihen hier Steppenkerze, Storchschnabel, Iris und Pfingstrosen.**

3 | **An der Südkuppe des Hügels neben den Steinwiddern mähte Gerhard Haimerl um die Kuhle mit dem Feuerplatz aus praktischen Gründen Streifen ins Gras. Seit Gary Rogers die Stelle begeistert als »Land-Art« fotografierte, bleibt sie so.**

Vorhergehende Doppelseite:
Großes Bild: **Kübelpflanzen, die im Gewächshaus überwintern, und eine Hanfpalme verleihen dem Terrassenbereich südliches Flair. Zwischen zwei Blumenbeeten beginnt der Rasenweg, der auf halber Höhe um den Hügel durch den Garten führt.**
Kleines Bild: **Hunderte von Pfingstrosen begleiten den Weg auf langen Strecken.**

33 GARTEN–STECKBRIEF

Adresse und Öffnungszeiten:
Gerhard und Heidi Haimerl, Goldshausen 4, 85417 Marzling; Tel. 08167/1286. Besuch nach telefonischer Absprache möglich; besonders lohnend im Mai/Juni sowie im Herbst zur Laubfärbung.

Größe:
3 Hektar, davon intensiv genutzter Garten 15 000 Quadratmeter.

Charakter:
Ein seit 29 Jahren gestalteter Garten auf einer Hügelzunge mit standortgerechter Bepflanzung. Dabei dominieren Gehölze. Weiter gibt es einen naturnah angelegten Teich, Wiesen und einige Staudenbeete.

Adressen

Bundesweit

Deutsche Gesellschaft für Gartenkunst und Landschaftskultur e.V. (DGGL)
Wartburgstraße 42
10823 Berlin
www.dggl.org/bundesverband/bv_gartenpforten_start.html

Bund Deutscher Landschaftsarchitekten (BDLA)
Bundesgeschäftsstelle
Tel.: 030/278715-0
www.gartenwelten.net

Gesellschaft der Staudenfreunde
»Offene Pforte«
Informationen bei Ilse Köcher
Rotdornweg 17
21255 Tostedt
www.gds-staudenfreunde.de

Bayern

Bayerischer Landesverband für Gartenbau und Landespflege e. V.
Herzog-Heinrich-Str. 21
80336 München
Tel.: 089/544305-0
www.gartenbauvereine.org/

Allgäu
»Offene Gärten zwischen Ulm und Allgäu«
Informationen bei Rudolf Siehler
Tel.: 0731/7040-442
E-Mail: rudolf.siehler@lra.neu-ulm.de

Niederbayern
»Tag der offenen Gartentür«
Informationen über die Landratsämter bei den Kreisfachberatern
www.bv-gartenbauvereine-niederbayern.de

»Offene Gärten in Schwaben/Bayern«
Informationen über Gerhard Sandtner
Bürgermeister-Grimminger-Straße 14
89420 Höchstädt
Tel.: 09074/957984
www.offene-gaerten.de

Oberbayern
»Tag der offenen Gartentür«
Informationen über die Kreisfachberaterinnen für Gartenkultur
Landratsamt Weilheim-Schongau
Heike Grosser und Elisabeth Lex
Tel.: 0881/681-207

Berlin

»Offene Gartenpforte in Berlin«
Urania-Verein »Wilhelm Foerster« Potsdam e.V.
Brandenburger Straße 38
16647 Potsdam
Tel.: 0331/291741
www.urania-potsdam.de

Brandenburg

Oranienburg und Umgebung
»Offene Pforte«
Informationen bei Peter Leymann
Dr.-Kurt-Schumacher-Straße,
Friedhof Oranienburg
16515 Oranienburg
Tel.: 03301/56045
www.offene-pforte-oranienburg.de

Hamburg

»Die offene Gartenpforte«
Kontakt über die Gesellschaft zur Förderung der Gartenkultur e.V.
Anke Kuhbier
Rothenbaumchaussee 175
20149 Hamburg
E-Mail: RA.Kuhbier@t-online.de
www.gartengesellschaft.de

Mecklenburg-Vorpommern

Rostock und Umgebung
»Offene Gartenpforte«
Informationen bei Kai Lämmel
Rosa-Luxemburg-Straße 19
18055 Rostock
Tel.: 0381/4909982
Oder bei Frau Kröber
Tel.: 0381/ 4996576

Niedersachsen

Eine Übersicht bietet folgende website:
http://www3.ndr.de/ndrtv_pages_std/0,3147,OID1354396,00.html

Braunschweig
»Die offene Pforte«
Informationen bei Maria Warnat
An der Wasche 12b
38122 Braunschweig
Tel.: 05300/6336
www.offenepforte.braunschweig.de

Butjadingen und Stadland
»Gärten im Küstenwind«
Informationen auf E-Mail-Anfrage bei Claus Wettermann
Augustgroden 39
26937 Stadland
Tel.: 04734/287
augustgroden@wettermann.de
www.augustgroden39.de

Celler Land
Arbeitskreis »Die offene Pforte«
Informationen bei Adelheid Schmidt
Heilpflanzengarten
Wittinger Straße 76
29223 Celle
Tel.: 05141/208173
E-Mail: adelheid.schmidt@celle.de
www.die-offene-Pforte.de.ms
Broschüre gegen frankierten Rückumschlag (DIN lang, 95 Cent)

Diepholz
»Gartentour«
Informationen bei Margret Jymbroszyk
Am Sportplatz 99
27305 Engelen/OT Scholen
Tel.: 04252/2040
www.gartentour-niedersachsen.de
Faltblatt gegen frankierten Rückumschlag (DIN lang, 55 Cent)

Dötlingen
»Offene Gartenpforten«
Informationen bei Herbert Vinken
Herb's Bioland Kräutergärtnerei
Stedinger Weg 16
27801 Dötlingen-Nuttel
Tel.: 04432/94003
Informationen gegen frankierten Rückumschlag (A6, 55 Cent)

Goslar
»Die offene Pforte«
Informationen bei Berhard Klebe
Stadtverwaltung Goslar, FB 1.1.24
Charley-Jacob-Straße 3
38640 Goslar
Tel. 05321/704527
gegen frankierten Rückumschlag, (DIN lang, 0,55 Cent)
www.goslar.de

Hannover
»Tag der Offenen Gartentür«.
Informationen bei
Gesa Klaffke-Lobsien
Tel.: 0511/4106069
Langensalzastr. 17
30169 Hannover
Broschüre gegen frankierten Rückumschlag (DIN lang, 95 Cent) beim Service Center City
Karmarschstraße 30/32
30159 Hannover

Osnabrück
»Das offene Gartentor«
Informationen bei Rüdiger Weddige
Stollenweg 22b
49134 Wallenhorst
Tel.: 0541/684238
Faltblatt gegen frankierten Rückumschlag (55 Cent)

Ostfriesland, Emsland
»In Nachbars Garten/Het tuinpad op«
Gartenführer erhältlich beim Sekretariat
Christiane Denecke
Alter Weg 10a
26632 Ihlow
Tel.: 04928/411
www.innachbarsgarten.de

Landkreis Peine
»Die Offene Pforte«
Informationen bei Agenda-21-Büro
Frau Kentner
Burgstraße 1
31225 Peine
Tel.: 05171/401527
Broschüre gegen frankierten Rück umschlag (DIN lang, 95 Cent)

Schaumburger Land
»Offene Pforte«
Informationen bei Ulrike Schabel
Hauptstraße 70
31719 Wiedensahl
Tel.: 05726/788
Informationen gegen frankierten Rückumschlag (DIN lang, 55 Cent)

Soltau-Fallingbostel
»Über Zäune schau'n...«
Informationen bei Marita Eichler
Marienburger Straße 1
29683 Bad Fallingbostel
Tel.: 05162/6282
www.ueber-zaeune-schauen.de
Broschüre gegen frankierten Rückumschlag (DIN lang, 95 Cent)

Uelzen
»Offene Gärten«
Information bei Heide-Region Uelzen
Herzogenplatz 2
29525 Uelzen
Tel.: 0581/73040
www.heideregion-uelzen.de

Wendland
Offene Gärten im Wendland/ »Gartenräume«
Informationen bei Jörg Knaak
Müggenburg 34
29439 Lüchow
Tel.: 05841/961366
www.gartenraeume.info

Weser-Ems-Gebiet
»Bauerngärten im Nordwesten«
Niedersächsische Gartenakademie
Mechtild Ahlers
Hogen Kamp 51
26160 Bad Zwischenahn
Tel.: 04403/983812
www.nds-gartenakademie.de

Nordrhein-Westfalen

Bocholt
»Offene Gartenpforte«
Informationen über Dr. Susanne Paus
VHS Geschäftsstelle Bocholt
Südwall 4a
46397 Bocholt
Tel.: 02871/252231
www.bluehende-paradiese.de

Essen
»Offene Pforte im Revier«
Informationen bei Sabine Baumann
Am Ehrenfriedhof 10
45149 Essen
Tel.: 0201/717761
www.goodgardeners.eu

Haan
»Haaner Gartenlust«
Informatinonen über
Eugenie & Maarten Govaarts
Zwengenbergerstr. 41
42781 Haan
Tel.: 02129/8198
www.haaner-gartenlust.de

Lippstadt/Soest
»Offene Gartenpforte«
Broschüre über Hellweg Touristik
Lange Straße 15
59555 Lippstadt
Tel.: 02941/979412
www.hellweg-touristik.de

Münsterland/Westfalen
»Offene Gärten im Münsterland und Westfalen«
Informationen bei Winfried Rusch
Lindenstraße 6
48727 Billerbeck
Tel.: 02543/4584
Broschüre gegen frankierten Rückumschlag (DIN A5, 1,45ff)
www.w-rusch.de/offene-gaerten.htm

Niederrhein
»Offene Gärten«
Informationen bei Familie Krautwig
Fürstenberg 18
46509 Xanten
Tel.: 02801/4443
www.offene-gartenpforte.de.vu

»Offene Gärten«
Informationen bei Klaus Bender & Manfred Lucenz
Mühlenstraße 6
47551 Bedburg-Hau
www.lucenz-bender.de

Nördliches Rheinland
»Offene Gartenpforte«
Informationen über das Zentrum für Gartenkunst und Landschaftskultur
Schloss Dyck
41363 Jüchen
Tel.: 02182/824-0
Broschüre gegen einen frankierten Rückumschlag (DIN lang, 95 Cent)
www.offene-gartenpforte.de

Recklinghausen
»Offene Gärten«
Informationen über Antoinette Knaak
An der Koppel 7
45659 Recklinghausen
Tel.: 02361/21584
www.offenegartenpforte.de

Rheinland-Pfalz

Rheinhessen
»Offene Gärten«
Informationen bei Anne Rahn
Wahlheimer Hof 22
55278 Hahnheim
Tel.: 06737/809788
www.offene-gaerten-rheinhessen.de

Pfalz und Elsass
»Offene Gärten«
Informationen bei Gabi Westermann
Schießmauer 7
76872 Minfeld
Tel.: 07275/913805
Führer gegen frankierten Rückumschlag (DIN lang, 2 Euro Versandkosten sowie Schutzgebühr 1 Euro in Briefmarken)
www.offenegaerten-pfalzundelsass.de

Saarland

Saarland und Trier
»Das offene Gartentor«
Informationen bei Carmen Dams
Deutsche Gesellschaft für Gartenkunst und Landschaftskultur e.V
Großwaldstraße 80
66126 Saarbrücken
Tel.: 0681/9051384
E-Mail: Carmen.Dams@saarbruecken.de

Sachsen-Anhalt

»Gartenspaziergänge«
Informationen über die Landesgruppe Sachsen-Anhalt des DGGL und BDLA (Adressen siehe oben)

Schleswig-Holstein

»Offener Garten«
Informationen bei Liljana Ehler
Hermannshof
Lindenweg 4
23730 Schashagen
Tel.: 04564/992850
www.offenergarten.de
Broschüre gegen frankierten Rückumschlag (1,45 Euro) und 1 Euro in Briefmarken

Thüringen

»Open Gardens – Offene Gärten in Thüringen«
www.offene-gaerten.info
Eine Initiative der Veranstaltungsreihe »GartenWelten« des BDLA
Landesgeschäftsstelle Thüringen
Matthias Luz
plandrei-Landschaftsarchitekten
Juri-Gagarin-Ring 9
99084 Erfurt
Tel.: 03 61/60 11 97 0
www.thueringen.bdla.de
www.bdla.de/seite52.htm

Bibliographische Information der Deutschen Bibliothek

Die Deutsche Bibliothek verzeichnet diese Publikation in der Deutschen Nationalbibliographie; detaillierte bibliographische Daten sind im Internet über http://dnb.ddb.de abrufbar.

BLV Buchverlag GmbH & Co. KG
80797 München

Bildnachweis: Alle Bilder Gary Rogers, außer S. 98: Eva Kohlrusch
Umschlaggestaltung: Anja Masuch, Fürstenfeldbruck
Umschlagfotos: Gary Rogers
Klappenfotos: Vordere Klappe (Gary Rogers): Heinz Holert; hintere Klappe (Silke Kluth): Stefan Müller

Lektorat: Dr. Thomas Hagen
Herstellung: Ruth Bost
Layoutkonzept Innenteil: Sabine Fuchs, fuchs_design, Ottobrunn
Layout und Satz: Uhl + Massopust, Aalen
Gedruckt auf chlorfrei gebleichtem Papier

Printed in Germany
ISBN 978-3-8354-0089-4

Zu den Umschlagfotos:

Vorderseite:
Oben links (Garten Nr. 16): Schon das Haus im skandinavischen Stil in Anröchte-Mellrich zeigt, dass Monika Droege-Jung, Ehemann Johannes und Sohn Malte eher das Außergewöhnliche suchen. Der Garten ist entsprechend – eine Mischung aus Pflanzensammlung und gelungenen Gestaltungskonzepten.
Oben rechts (Garten Nr. 26): Ein Garten wie im Märchen: Alljährlich im Juni werden bei Ursula Schnitzke-Spijker in Gelnhausen-Hailer Dornröschenträume wahr.
Unten: Derselbe Garten, eine andere Stelle: Am Sitzplatz mit alten Sandsteinmöbeln ist unter Kugelrobinien ein intimer Rückzugsort entstanden.

Rückseite:
Links (Garten Nr. 9): Mit klarer Linie und dennoch verspielt – das ist Ingrid de Witts persönliche Buchsformschnitt Note, die sich auch im nach barockem Vorbild angelegten Rosengarten in Bad Zwischenahn widerspiegelt.
Rechts (Garten Nr. 10): Bei Renate und Klaus Meinhard im ostfriesischen Ostrhauderfehn ist der Begriff »Wassergarten« absolut wörtlich zu nehmen: Ihr Garten wird von drei Teichen und einem Bachlauf mit Wasserfall beherrscht.

Der Schmutztitel (Seite 1) zeigt den Garten Jahnke (Nr. 4), der Innentitel (Seite 2/3) den Garten Jung (Nr. 16), das Bild im Inhalt (Seite 5) den Garten Pelz (Nr. 23), das Bild im Vorwort (Seite 6) zeigt den Bauergarten von Familie Christensen (Nr. 12).

Eine kleine Auswahl aus unserem großen Programm

Rosa Wolf
Party-Garten
Alles, was wichtig ist, damit die Gartenparty gelingt: Planung, Vorbereitung, Bodenbelag, Wind- und Sonnenschutz, Wärmespender, Beleuchtung usw.; Themen für Feste von Frühjahr bis Herbst mit Dekoideen und Rezepten.
ISBN 978-3-8354-0145-7

Rosa Wolf/Fotos: Ursel Borstell
Gartenpflanzen Praxis-Handbuch
Über 450 Gartenpflanzen in detaillierten Porträts mit Partnerpflanzen, Verwendungs- und Pflegetipps; Gestaltungen für alle typischen Bereiche des Hausgartens mit Pflanzplänen und Pflegekalender.
ISBN 978-3-8354-0167-9

Brunhilde Bross-Burkhardt
Der kleine Küchengarten
Obst, Gemüse, Kräuter selbst anbauen und frisch genießen: Anlage eines kleinen Küchengartens, Gestaltungsvorschläge, Anbau-Praxis, Porträts der wichtigsten und lohnendsten Nutzpflanzen-Arten, Arbeitskalender.
ISBN 978-3-8354-0097-9

Andrea Christmann
Kleine Gärten gestalten
Die Gestaltung kleiner Gärten und optische Tricks für mehr Größenwirkung; konkrete Pläne für Vorgärten, Reihenhaus- und Reiheneckhaus-Gärten; Neuanlage und Umgestaltung in der Praxis.
ISBN 978-3-8354-0094-8

Rosa Wolf
Kinder im Garten
Aus der Gartentraum-Werkstatt: Baumhaus, Weidentunnel, Kletterbaum usw.; Kinderspaß Gärtnern: pflanzen, pflegen und ernten; rund ums Jahr: spielen, basteln, feiern und toben; Natur und Tiere beobachten, Nisthilfen, Futterstationen.
ISBN 978-3-8354-0055-9

Dorothée Waechter
Schöne Gärten für Ungeduldige
Viel Garten ohne zu warten – der schnelle Weg zum grünen Paradies: clevere Lösungen für alle Gartenbereiche sowie für Terrasse und Balkon; Tipps und Tricks für pfiffige Gestaltungen, effektvolle Pflanzen im Porträt, Pflegepraxis.
ISBN 978-3-8354-0214-0

Marie-Luise Kreuter
Der Biogarten
In Neuausgabe: das unentbehrliche Standardwerk zum naturgemäßen Gärtnern; einzigartiges Know-how von Deutschlands bekanntester Biogärtnerin; komplett aktualisiert: das im Handel erhältliche Pflanzensortiment; mit Beilage »Pflanzenschutz-Kompass«.
ISBN 978-3-8354-0190-3

Ute Bauer
Mein Garten am Abend
Die Abendstimmung im Garten genießen: Sitzplätze, Nachtblüher, Nachtdufter, Wärmespender, Sicht- und Windschutz, stimmungsvolle Lichteffekte, schöne und nützliche Accessoires.
ISBN 978-3-8354-0147-1

Die zuverlässigen Berater

BLV Bücher bieten mehr:

- mehr Wissen
- mehr Erfahrung
- mehr Innovation
- mehr Praxisnutzen
- mehr Qualität

Denn 60 Jahre Ratgeberkompetenz sind nicht zu schlagen!

Unser Buchprogramm umfasst über 750 Titel zu den Themen

Garten · Natur · Heimtiere · Jagd · Angeln · Sport · Golf · Reiten · Alpinismus · Fitness · Gesundheit · Kochen.

Ausführliche Informationen erhalten Sie unter **www.blv.de**

Dass Sie sich gut beraten fühlen – das ist unser Ziel. Falls Sie Fragen und/oder Anregungen haben, schreiben Sie uns bitte:

BLV Buchverlag GmbH & Co. KG
Lektorat · Lothstraße 19
80797 München
Postfach 40 02 20
80702 München
Telefon 089/12 02 12-0 · Fax -121
E-mail: blv.verlag@blv.de

blv
MEHR ERLESEN!

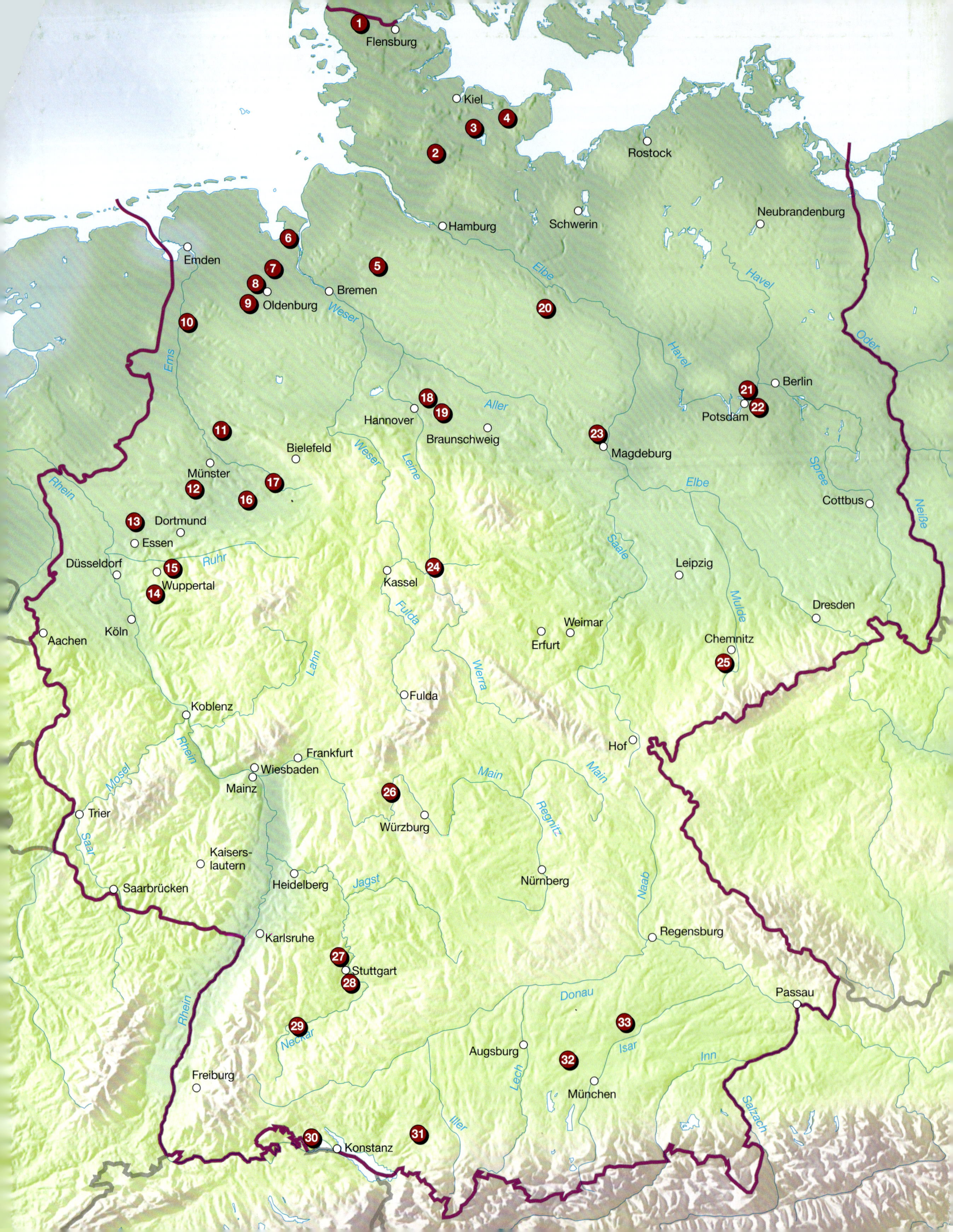
1
Flensburg
Kiel
3
4
2
Rostock
Schwerin
Hamburg
Neubrandenburg
6
Emden
7
5
8
9
Oldenburg
Bremen
Weser
Elbe
Havel
20
10
Ems
Havel
Oder
21
Berlin
18
Hannover
19
Aller
22
Potsdam
11
Bielefeld
Weser
Leine
Braunschweig
23
Magdeburg
Münster
17
12
16
Rhein
Elbe
Spree
Cottbus
13
Dortmund
Essen
Ruhr
Düsseldorf
15
Wuppertal
14
Kassel
24
Saale
Leipzig
Neiße
Köln
Aachen
Fulda
Mulde
Weimar
Erfurt
Dresden
Chemnitz
25
Lahn
Werra
Fulda
Koblenz
Hof
Rhein
Frankfurt
Wiesbaden
Mainz
Mosel
26
Main
Main
Trier
Würzburg
Regnitz
Saar
Kaisers-
lautern
Saarbrücken
Heidelberg
Jagst
Nürnberg
Naab
Karlsruhe
27
Stuttgart
28
Regensburg
Donau
Passau
Rhein
29
Neckar
33
Augsburg
Isar
32
Inn
Lech
Freiburg
München
Iller
Salzach
30
Konstanz
31